服装设计
时尚前沿丛书

FUZHUANG SHEJI
服装设计创意空间
CHUANGYI KONGJIAN

梁明玉 主编　牟 群 副主编

U0324387

国家一级出版社
全国百佳图书出版单位

西南师范大学出版社
XINAN SHIFAN DAXUE CHUBANSHE

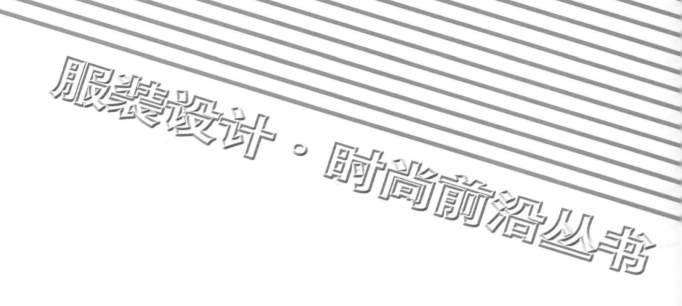

服装设计·时尚前沿丛书

目录

第一章　服装设计的创意形成

服装设计是以人为载体的创意过程,如果把服装仅仅看作是设计学种类,那么我们永远也设计不出有品位的服装,服装是一门动态的、鲜活的造型艺术。

本书的内容和目的就是讨论服装设计的创意智慧,强调并以大量案例分析详述创意在服装设计中的重要性。

创意是服装设计的灵魂,是服装设计师走向成功的关键。如何从普通的服装设计员变成优秀的服装设计师? 如何成为最具鲜活创意思维的设计师? 本书各章节将向你全面揭示创意奥妙,展现服装创意形成的过程, 讲述行之有效的服装创意表现法则,让你在阅读后充分感悟设计典范、创意智慧,领略服装创意的奥秘。通过阅读本书,你可以在相对短的时间内把握服装创意的精华,或有可能成为未来最具有创意的服装设计大师。感悟并掌握服装设计的创意智慧和表现手段,是服装设计师走向成功的必经之路。

服装设计是服装产业的灵魂,而创意创新则是服装设计的灵魂。人类的服装发展到今天,无论是基础消费的大众型服装, 还是流行的时尚形态服装,或是演艺形态和职业形态的服装;无论是服装产业的发展、服装品牌的竞争、服装文化的繁荣,还是服装教育的改革,都必须落实于创新创意。目前,中国服装设计界、设计教育界对于创意的认知仍然比较缺乏。当代服装已经进入了创意时代,无论是设计师个人,还是服装品牌、服装企业、服装院校,如果没有创意,缺乏创新,就会被时代和市场淘汰。

如何培养具有创意能力的设计人才,如何培育设计团队的创新意识,如何形成服装品牌的创意创新机制,如何推出更具创意更富创新的产品,以适应消费者日益增长的精神与物质需求,是整个服装界最为关注的现实问题。

图1-1 服装设计要体现对人性美的关照,梁明玉设计稿

第一节　服装设计的创意境界

创意是服装设计的灵魂,与所有艺术一样,好的设计创意必有独到的艺术境界与审美品位。艺术境界最难达到,又正是艺术家们所矢志追求的。服装艺术跟所有的艺术一样,其最高的艺术境界就是对人性的观照,就是表现人性的境界。当然,也有形式美感和环境关系等层次及品位的境界。服装设计的创意境界有如下方面:

(一)人性观照境界

艺术是人的创造,艺术关怀人生,关注人性。不管艺术表现的内容形式是什么,无论艺术的情态和语言是什么,对人生和人性的关注是艺术的普遍意义和终极价值,因此,艺术表现的最高境界也是关于人生和人性的境界。判别艺术的高下,在于其是否用艺术语言表现了人生的命运,揭示了深刻的人性,再现了人生百态,刻画了生命的意趣。

人性观照的境界是艺术的最高境界,服装设计的境界(图1-1)也是同样,其最高的境界也是表现人生和人性。相对于其他文学艺术,服装形态没有直接的叙事和表意功能,但服装的流行所在、时尚所在、创意所在,都透露出人生的处境和信息,表现着文化观、生活观和各种精神取向。

(二)天人合一境界

中国美学的极致就是天人合一,中国美学对人类的贡献是认定人是宇宙、自然的类属,作为思维主体的人只是自

然的客体。中国人对超验的权威——天的敬畏与情感、对自然环境的投入构成了中国艺术博大精深、师法自然、虚心实境的体系。这个体系虽然有很大的消极性，但它使得人和自然的心境和谐，也不失为人类心灵的一种终极归宿。宋代哲学家陆九渊说："四方上下曰宇，古往今来曰宙，宇宙便是吾心，吾心便是宇宙。"高度概括了中国人的宇宙观，以及天人合一的认识论。中国古代的艺术，包括服装，最高的标准就是天人合一（图1-2）。之于服装而言，则不仅仅是服装本身与穿着者之间的相得益彰，更是设计师心灵境界的直观写照。这传达着设计师对服装材料与服装造型、色彩、情感的融会贯通与心灵驾驭。

003

图1-2 服装设计要体现天人合一，梁明玉设计稿

案例分析：东非野生动物保护服装

当代人类的最大使命就是保护人类赖以生存的地球生态，这也是当代艺术最重要的主题。

服装作为人类的第二层皮肤，同时也作为环境生态链中其他生物对人类的最直接的识别形态，在生态环境保护中尤其重要。服装设计师和服装教育研究者，应该从动物学和人类学比较的角度认识服装设计的这种重要性。因为在地球环境生态链中，几乎所有的自然山川、植物、动物都是按生命存在的初始规定和进化适应的原则而生成自己的外观形貌。而只有人类，是按社会身份、审美、趣好、利益而设计装扮自身。人类的服装，具有其他地球生物所不具备的精神含量，但人类的服装可能相悖于共同生态原则，甚至对共同生态造成破坏危害，比如用野生动物皮毛为面料，给予野生动物以极大的伤害，残暴地剥夺它们生存的权利。人类作为智能生物，在自身形象和行为中，应发挥智慧，承担责任，与生态环境和其他生命物种保持和谐、敬畏与尊重。大自然慷慨地赋予了人类和其他所有生物以天空、海洋、森林、河流、空气，一草一木都蕴藏着无尽的生机。一个艺术家、一个服装设计师或者是一个凡人都应该怀着感恩之心、肌肤之感、灵肉之情去呼吸、体会大自然赐给人类的福音与生命的征兆，与其他生物一起领会生态环境的伟大和重要。

自然景观、宇宙的生命，都有着严谨而美妙的秩序。古希腊的毕达哥拉斯从自然生命的数序中发现了数理的美感和艺术的秩序。一只蜜蜂也会将它的蜂场建构得毫厘无差。现代科技的仿生学，就是从自然景观和动植物的构造和运行中吸取灵感。仿生学对于服装设计也是大有潜力的，不仅因为动植物的生存方式可能会高明于人类，也因为大自然中所蕴含的美感可以启迪人类心灵的智慧。面对大自然，一个服装设计师或艺术家应该心怀敬畏，仰观俯察，观察自然中的生机，聆听大自然的天籁，从而丰富自己的创造。

2013 年，设计师梁明玉应非洲马拉野生动物保护基金会邀请，为野生动物保护工作人员和相关礼仪活动设计了一系列服装。在听取了野保人士星巴先生对非洲野生动物习性的详细介绍后，笔者收看了大量关于非洲野生动物保护的影视资料，查阅了当地的地貌气候习俗，综合各种因素，最终画出创意设计图。（图1-3）该设计创意的原则就是尽量减少人的自我夸饰，

图1-3　梁明玉设计的以长颈鹿图案为视觉主题的服装

图
1—4
梁明玉设计的东非野保工作人员服装

而以一种低调、谦和的姿态向野生动物表示善意和友好，让动物的形象或特征
与人的肢体相适合。在服装图案布局上，尽量从野生动物的视觉去体会，设想
人与动物相遇的情景：人的外貌没有敌意，甚至有同类的一些生命意象、相似体
征和安全感。当热情洋溢的火烈鸟形象服装成型后，设计师征求野保专家的意
见，专家提出火烈鸟不会反感这款服装的色彩，但野牛、野马面对这种火红炽
烈的服装会受到刺激，还会做出防范行为。由此，设计师又调整了色调，将其变
成含蓄的色调，但保持了动物的基本形态特征。在处理百兽之王——狮（图1-4）
的形象时，笔者画了几种样式示意图并让助手用电脑渲染出来，感觉都不够表
现狮的气质风采，调来改去，最终感悟到狮子的气质天生就是王者之气，只能
居中，所以将其形象置于正胸部位。

狮形象服装的气度也自然在整个服装系列中成为王者,该系列服装的创意来自于对生态环境中各类生物共生原则的领悟,以及对野生动物们的关爱之情。在创意设计过程中,设计师必须把这些精神内涵和关爱的情感落实到具体的服装形态之中,必须以服装的语言来表达对非洲大地与野生动物的敬意和倾慕。这批服装分为三类:一是供非洲当地和全球野保人士在野保活动与会议时穿戴的礼仪服装;二是表达野保文化的纪念装;三是野保工作人员的工作服装。在前两类服装中,应尽可能地表现神奇浪漫的非洲丛林的神韵和野生动物的生命形态以及可爱的天趣,所以设计师选择野生动物形象作为服装的视觉重心。而在野保工作服设计中,则采用通常的野外迷彩服形态,以符合其功能性。

在创意设计中,意象确立以后,首先要面对的问题就是野生动物形象和服装自身的廓型、结构的关系处理。仿生的意象、功能和体征,到了具体的款式设计,基本上不能照搬原形,而是要将野生动物原形进行解构,以人类服装结构和身体语言去表现创意。譬如图1-5以大象作创意资源的服装,该服装的创意是有感于大象的沉厚稳重,庞然巨物却灵动温柔,但野生象四蹄承重,而人却是两脚生风,有结构上的天然矛盾与局限。人的双肩是承重的关键,不仅表现在身体意义上,而且在精神意义上寓指可以承负千斤重担,正好是承载创意设计的关键部位。在设计中,设计师选择大象的两只巨大耳朵为肩饰,为了更突出大象的语境,将双袖与披肩连为一体,使人的双臂行动起来犹如大象翻动的巨耳,这就使仿生的意象落实到符合人体功能的具体结构上,并能发掘人的行为动态效应,这就达到了创意设计的深度创造。这种创意设计,其实是建立在对服装的人体工程规律的熟悉了解之上,使服装穿着的舒适度

图1-5 梁明玉设计的以大象图案为视觉主题的服装

与野生动物的意象表达相得益彰。服装设计的品位与旨趣往往体现在细节的处理上。在拟仿猫头鹰的服装上，设计师首先确立了以肩饰的形态表现猫头鹰的头部，然后选用人工仿裘材料制作，这就保障了仿生的质感，有了这个基本形态，服装的其他部位就获得了更大的创意空间与表现自由。这套服装的仿生取向，不是单纯的拟写，而是在服装美学境界和视觉心理的层面去寻找与野生动物的生命方式的契合。在选材上，设计师在褐色的面料上覆盖一层灰色的柔纱，于是使服装立刻呈现出宁静含蓄的风格效果。猫头鹰都是昼伏夜出，在静静的山林之夜，只有天上的月光和它犀利的目光主持着不眠的夜场好戏，所以宁静含蓄是这个山野"精灵"的主体风格。

我们要将服装设计当作生命的体验和开放的生态系统去认识感悟，并怀着一颗感恩和敬畏的心、一双善意和探索的眼，去对待我们所处的生态环境。只有如此，我们才会领悟到生命与创造的真实意义，才能达到或接近天人合一的艺术境界。

(三)气韵和品位的境界

谢赫六法之首就是"气韵生动"。我们什么艺术技艺都可以学到，但"气韵非师"。这个"气韵"是灵性和个性的混合，是生气和韵致的混合，是人格品质和艺术气象的混合，是文化修养和技艺手法的混合，是人力所达和天赐禀赋的混合，气韵决定了艺术的品位。

品位有高有低，有的设计师有很强的造型和创意能力，但缺乏气韵，虽经努力，但难入高品。有的设计师虽有逊功力，但气韵生动，经过努力，可进入高品。气韵决定品位。什么都可以被遮蔽，唯有气韵和品位不能，具气韵品位者出手不凡。气韵生动具有高品位的设计作品，能愉悦人的心灵，启迪人的智慧，提升审美的旨趣。

"气韵生动"不是埋头苦干就能练出来的，而是靠各种艺术修养和人文知识熏陶出来的。所以服装设计师应该在服装专业技能之外，加强各种艺术人文知识，体验人生的情感和真谛。

(四)服装的情感与趣味境界

艺术不仅是表现社会、与精神拥抱、与自然和谐，艺术还是也必须是情感和趣味的表现。要说艺术有什么动力，那就是情感，情感乃是艺术最纯粹、最真实的所在。所有的艺术境界都是要灌注情感，但情感也不必承负过多的人文载荷。载荷过重，趣味便会减少，而不承荷人文精神的情感往往趣味盎然。服装设计也同样，人文关怀和天人合一的服装形态，情感充沛、雄浑、含蕴，重精神而少意趣，而流行的服装多欢乐优雅，重意趣而少精神，二者各具特色、各有所重。

(五)服装的功能与审美境界

注重功能性的服装也有自身的审美境界，服装设计要考虑如何使服装的功能更符合人体工程学，更适应人的自由和诉求，使在常规工作和生活状态中的人穿着该服装，有一种实在和生动的美感。这个设计领域很广阔，足够设计师用终生的精力去探索。服装毕竟有一定的表现性和自由性，不仅功能性的服装越来越注重增强美感，现代生活中，那些纯粹功能性的工具也都被设计师们设计成一件件的艺术品。生活的美无处不在，要靠设计师去发现和创造。

第二节 服装创意的手法

油画依附画布,国画依附宣纸,而服装设计则更像是活动的雕塑,它以人体为基点,进行艺术创造。今天的服装已经远远脱离了传统的服装概念,世界上几乎任何东西都可作为服装的材料,服装的样式也已经远远冲破了适身性的禁锢,表演类服装和概念性服装的出现,让服装成了一门引领人类最新视觉的前卫艺术。在立体空间中,设计师们可以自由地发挥自己的想象,运用各种材料表达自己的艺术思想,让创意思维在服装设计中大显光芒。著名的服装设计大师亚历山大·麦昆便是通过服装来表达自己艺术思想的典型。

主题服装设计的表现语言有着多样的方式与语境,也就形成了各种表现手段。在设计创意中,多采用以下表现语言和处理方法。

(一)将错就错——正确地对待错误

所谓将错就错,就是当设计师的创意设计已进入成衣阶段时,发现自己先前的创意有缺陷,对原创意感到遗憾,而不便去改,转换思路,将错就错,在立足于原服装的基础上进行调整,改变方向,走另一条路。因为凡事并没有什么绝对正确的尺度,美的创造也是多种多样的。此外,将错就错也要看服装设计师对服装的选择性,以及设计师自身的功夫与修养等是否到位。做到将错就错,不仅可以秉持节约的原则,而且可以使人变得灵活。艺术创作没有什么绝对正确的标准,可以依据环境和情况的不同及时做出调整。有的设计师更会别出心裁,充分利用看似有缺陷的设计而使服装更具时尚感。

(二)异曲同工——符合服装的多样性

在服装设计创意中,就同一个目标或结果采取完全不同的塑造手法,也可以达到相同或相似的境界。比如,分别用针织和梭织的方式可达到同样的服装形态效果,或用完全不同的纤维组合方式、完全不同的肌理和工艺达到预期的意图,这样会使服装语言呈现丰富性。此种方式在共同的方向和预期目标下,灵活采用与众不同的途径,会获得不同的体验,更能凸显设计师的智慧与巧妙,此种境界正是艺术创意的殊途同归。

(三)知旧识新——传统是创新的资源

所有的创造都是站在前人的肩膀上,个人的真正独创几乎是不可能的。所以几乎所有的创造都有历史依据。例如传统中某一形态的服装——旗袍,在旧的旗袍模式中要实现突破,就需要消化旧的旗袍的形态和旧的美学根据,要弄清楚它的价值和历史感。只有在充分了解了这些后,用新东西去替代旧东西的时候,才能将其富有内涵的东西保留下来,把旧的意味转换到时尚上来。例如清朝的马蹄袖,我们要对其旧的有意义的趣味真正理解后,才能改造成新的元素。

(四)穷途辟路——无数的失败孕育最终的成功

正确的方向、道路需要不断探索,也许在不断的探寻中会失败,但这种失败是有意义的,它给你走向新生提供了许多宝贵的经验。但更多的时候是走向成功,其成功之处在于朝着一个方向坚持不懈,在这个过程中,会出现非常丰富的轨迹和语言。服装的创意之所以丰富、动人,还在于不断坚持。

(五)密不透风——繁密的塑造手法

视觉艺术的心理有简与繁两种取向,这两种取向都可以走向极致。繁的取向,其审美心理是丰富多彩、充实而饱满的,要想满足这种审美心理,视觉艺术的手段往往是堆砌、充填、精工至极、叠塑重彩或笔墨饱满。总之,用各种形式达到饱满的极致。这种手法在中国画里叫作密不透风。在服装上,往往是将某一种工艺做到极致,或者将各种表现手法堆砌、重叠,使之产生充分饱和的视觉效果,极具视觉冲击力。

(六)疏密有致——生命活力尽在其间

中国的水墨画,尤其是山水画分为疏体和密体,以表现不同的对象。在服装设计上,这个道理是相通的,需要打造视觉上的疏密以创造极致的效果。密集、饱和的视觉心理能够使人感到充足;而清旷、疏简的视觉心理使人感到清静、安宁,这两种效果,可以在不同的服装上,做得很绝对化。当然,也可以在一件服装上并行使用,以达到一种兼收并蓄,既充足又透气的感觉,图1-6为梁明玉的设计稿,即体现了疏密有致。

疏密关系作为普遍的艺术法则,在服装设计上,几乎是处处运用,对疏密的灵活运用可以产生不同的效果。假如一件服装的结构或色彩纹样等各种形式都做到了,就是缺乏疏密关系,那么这件作品肯定是失败的。人的眼睛是非常挑剔的,尤其是训练有素的眼睛,往往有先天进行主次选择的功能。所以,灵活地调整疏密关系,满足挑剔的眼睛,这是设计师的功夫高低所在。

图1-6 梁明玉设计稿

图 1-7　梁明玉作品《绝艳无色》(1)

（七）绝艳无色——色彩的精神与思想

真水无香、绝艳无色，这个道理很少有人懂得，但这却是中国美学至高至深的道理。庄子说："五色令人目盲，五音令人耳聋。"这是说众多的形式表现因素会搅乱了人的心理感知和事物的本质。老子主张，道生万物，无为而为。但视觉艺术必定要由形式来表现，所以"大音希声，大象无形"的道理只是作为一种以虚胜实的法则。"绝艳无色"是指众多的颜色归于无色，这不是否定色彩，而是注重色彩的精神性。切忌用炫目的色彩遮蔽了艺术的精神性的高度和深度。

案例分析：《绝艳无色》

2007 年，设计师梁明玉代表中国出席亚洲著名设计师年展，《绝艳无色》(图 1-7)系列服装以多姿善变的形态和复归于朴的色彩表现了中华民族服饰文化的雍容华贵和哲学精神。(图 1-8~图 1-11)

图 1-8　梁明玉作品《绝艳无色》(2)

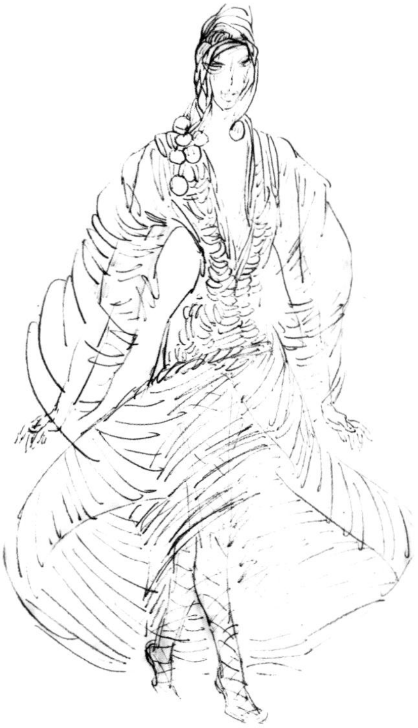

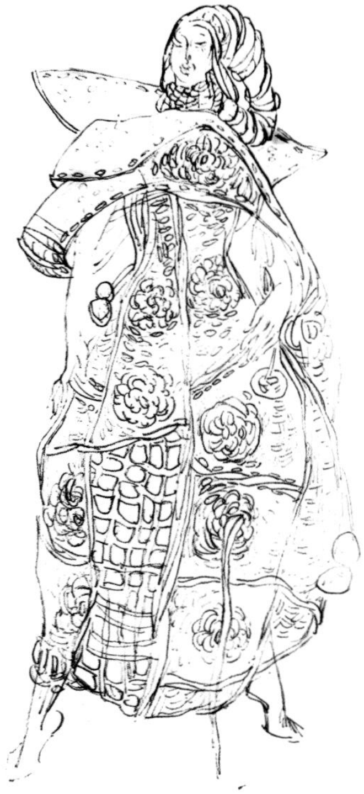

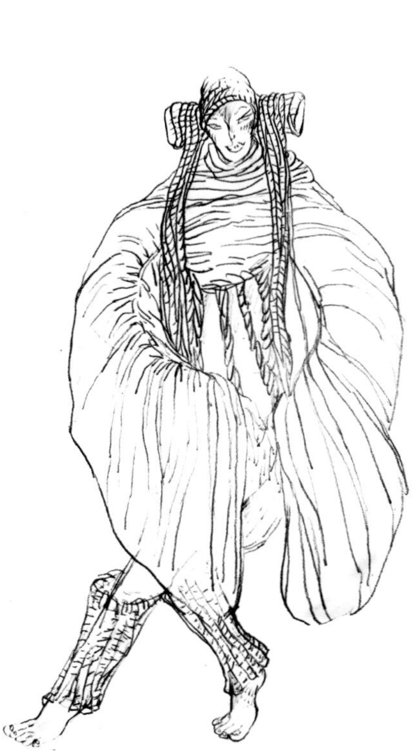

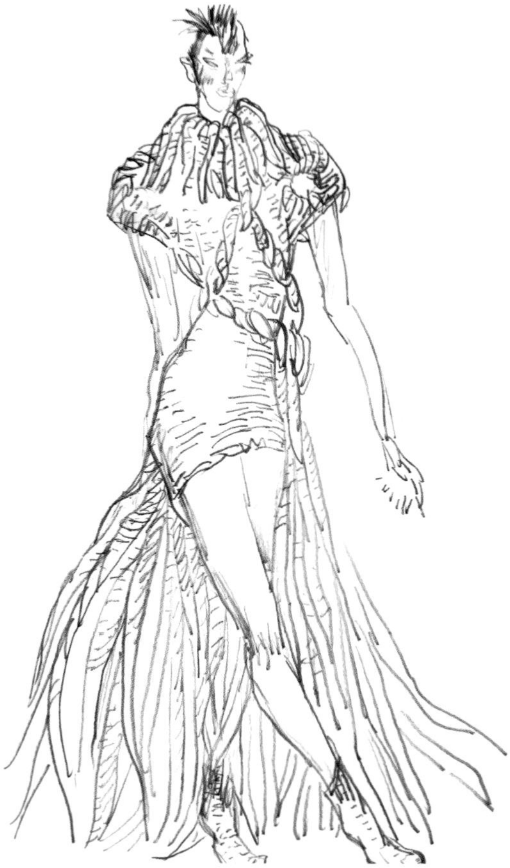

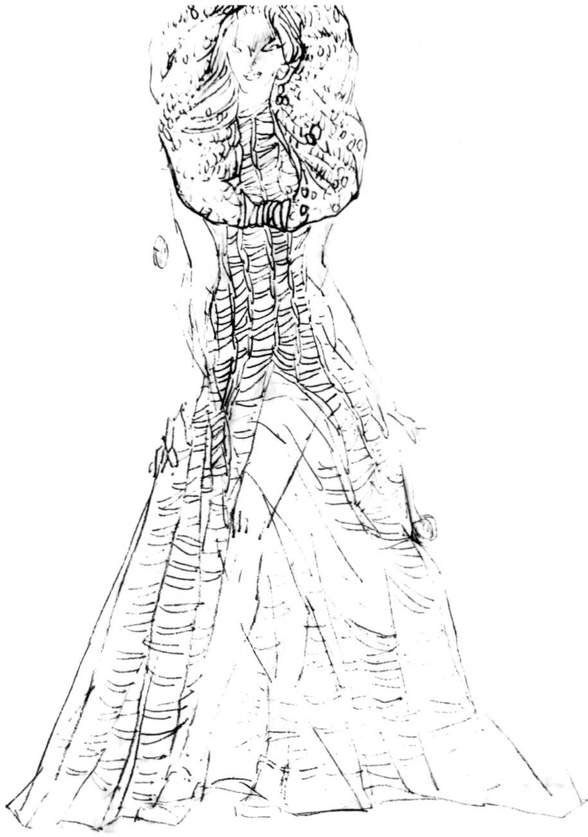

图 1-9　梁明玉作品《绝艳无色》设计图

图 1-10　梁明玉作品《绝艳无色》成衣(1)

图 1-11　梁明玉作品《绝艳无色》成衣(2)

第二章　服装设计的创意突破

第一节　创意是对常规的突破

什么是创意？创意是对常规的突破，是多样优化资源的组合，是针对需求的创造与拓展。

人类的创造首先是思想的创造。人类在处理日常生产和日常事务过程中，都是按经验与规范执行。在执行过程中，通常人们的思维方式是逻辑思维、程序化思维。这种思维方式有利于保障技术规范的准确无误，产品预期目标的顺利到达；这种思维方式严谨缜密，不易动摇，是产业执行的重要保障。但这种思维方式不利于创造、创新，更与创意思维判若泾渭。

人类的形象经验，一般产生于积累，所以对形象的判识都有着长年累积、习以为常的经验图式。人们在进行形象创意的时候，实际上是已经带着经验中的形象图式，或者是在心目中盘算好了，要对这种经验模式进行修改、变异、否定、抽取或颠覆。实际上，设计师在图式形成之前，只是有了一个创作的态度和一种思考的方式或一种塑造的方向。在图式没有落实在纸面上时，始终是朦胧的。根据创意的目标，或者是某种感觉，设计的这些图式只是具备形式的取向，以及欲表现的意图，这些朦胧的图式是设计师对自己心中的形象进行记录，根据目的的不同，这些朦胧的图式和初具面目的服装形态，呈现出不同的雏形。这些雏形出来之后，设计师会根据自己的取向，进行取舍，最后确定选择取向。并逐渐将结构明确丰富，形成相对完整的图式，即通常所谓的设计初稿。图式完成后，明智的设计师还要对自己的图式进行检省和审视，并且还要征求同行的意见，有的时候往往彻底否定，完全抛弃原先的创意，而另辟蹊径，有时也会经过好几次否定之后重新回到原来的创意上。设计师在这过程中，有时柳暗花明，有时山穷水尽，有时踌躇满志，有时犹豫不决，甚至面对众多的选择无路可走。但经过磨难，创意才会升华，这种升华往往是从超越的高度抛弃过去的思路和眼光。那些被理论家们说滥了的创作心态——"衣带渐宽终不悔，为伊消得人憔悴""众里寻他千百度，蓦然回首，那人却在灯火阑珊处"，仍然十分亲切。

创意有了升华以后，设计者就会修改过去的图式，调整服装的结构，增补创意的不足，或者砍掉创意的累赘。当所创的形式跟追求的意境差不多相吻合的时候，这样便达成了创意效果。图式的完善是一个艰难的过程，有时来自客观的条件，更多的是来自各方人士的意见。最终的图式只是相对完善，因为几乎没有绝对完善的创意，任何创意总有一些需要弥补而无法弥补的遗憾。创意的遗憾是可贵的，它留下的空间，永远刺激着你去追求。

第二节　如何实现创意突破

（一）法无至法——规则的局限与创造的无限

"法无至法"这个说法来自清代中国画大师石涛，其成因是指艺术家对艺术的规定和法度的突破。法是什么？规则是什么？法和规则是指人类创造达到优化和善境的规矩。但法和规矩是有局限性的，艺术家太讲法度和规矩，便会失去创造力。所以，艺术家创造过程取决于对法度规矩的超越，然而此超越却是从遵守法度的训练规矩中来的，你如果不知道法和规律，又如何去超越呢？所以，艺术一定要讲规矩，但又一定要超越规矩。如不讲规矩，不讲法，则达不到至善；如若要想达到至善，则必须超越法和规矩。

（二）以破为立——对既有模式的解构

破坏和建构都是一种过程，只是方法不同，但殊途同归。如在一张空白纸上，你可以轻易地建立，若你面对的是本有的秩序，又如何去创新？我们往往是破解原有的不合理的秩序，在过程中建立，破就是立，破就是新，从而留下合理的部分。

创意在于突破常规，许多人都知道这样的法则，但许多人仍然创造不出非常好的作品，原因便在于他对常规和创意手法的认识的欠缺。什么是常规？常规是如何建立的？人类共同感知这个世界，所形成的对世界上的事物固有的了解与认识被称为常规。而人类感知，从深层次来讲，每个人心境（思想意识）不同，所感知的世界也不相同。但人类存在着很大的共性，一般人所感知的世界有一定的共同性。

（三）逆向思维——创新创意的根本保障

逆向思维方式和习惯是创意思维最根本的特征和保障。什么是逆向思维？简单说来就是相对常识常规反着想。人的思维活动受常识惯性支配，经验与规范保障着事业的成功和完善，但也由于规范性形成套路陈规，反而成了新思维、新事物的障碍，这个现象在人类社会普遍存在。人们要靠规范、经验、常识以保障社会运转，维持供需平衡、心物平衡，但只靠上述因素的维持，则会导致缺乏创新目标和理想境界，这个世界便会枯竭没有生气，逐渐腐败落后，所以社会需要改革而常新，思想需要创意而先进，产业需要升级而生存，艺术需要创新而具意趣，生活需要时尚而感新鲜。而这一切的突破和创新，都需要逆常规而思。在人类的经验中，所有的事物都是按类型、功能、属性、特征而划分和应用的，这就形成了既定的规范和经验，这些经验经实践证明是有效的,人们一般不会放弃,所以就产生了固守和循规蹈矩。创意的活动往往就要颠覆这些类型、功能、属性、特征,从否定和反向角度去思考。也许,这种颠覆和否定产生的结果,没有直接功用,也不会增加直接的经济效益,但是这些结果会给人类提示思想可能开拓、发展、前进的空间,同时使世界和生活产生趣味,这种趣味往往是我们人类生存的意义。各类艺术和服装设计中逆向思维的案例不胜枚举。

案例分析:

美国电影《霓裳风暴》(图2-1),该影片的观众本以为某设计师会推出复杂多彩的设计,结果模特儿出场一丝不挂,轰动全场。这个电影虽然很极端,但却提示了设计师完全可以朝与共识惯性相反的方向去创造。电影中这个设计师就走到反向的极限,即对所有有形服装形态的否定。同样的艺术案例还有音乐家约翰·凯奇的《4分33秒》,音乐家对着钢琴抬起手却不弹奏,4分33秒后谢幕下台。他的逆向思维就是走向有声音乐的对极,即没有声音的音乐。

(四)颠覆常识——不能完全相信经验习惯

人类事物是有常规的,人们判别事物也是依据经验。一般来说,对于功能性和应用性的事物,人们的经验是可靠的,但对艺术创造来说,艺术家和设计师们一方面追寻这些常规常识,同时又琢磨着怎样对这些常规和常识进行否定和突破。在艺术创造上,凭空想象出新的形态是很难的,一般都是依据经验和常识,进行创新。所谓张冠李戴,是将常识和常规进行错置,比如,设计师们经常使用的男装女穿、女装男穿、童装成人化等都是张冠李戴的手法。人们的新奇感从何而来,就是企图看到与常识、常规不一样的东西。比如,人们见惯了有袖的服装和没袖的服装,看见藏区的牧民穿着一半有袖、一半没袖的服装就很新鲜了,这是因为通常人们的服装结构是受平衡关系制约的,而藏民在长期的生产劳动和特殊的气候条件下,则没有这种平衡观念。

案例分析:

在梁明玉的设计作品《蓝色西部》系列中,有一件服装的两只袖子连成了一个通管,在常规设计中,袖子都是分属左右手,而且都是便于手露出来。但设计师完全消解了手需从袖子中伸出的惯识,也否定了袖子分属左右手的常规定义。设计师的逆向思维是为达到作品表现的独到原创性、宗教精神和形式意趣。在形式语言上自然表现出对常规的逆向思维轨迹。(图见后文)

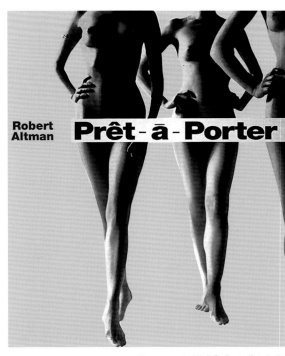

图2-1 电影《霓裳风暴》海报

(五)跨界思维——异质同构的全局观念

跨界思维是将不同的事物、领域连接、综合起来,也可以称为全局性思维。

20世纪格式塔心理学提出了事物的"异质同构"学说。在此之前,人们判别事物、建构事物关系,总是依照类型与性质,即所谓"性相近,习相远""物以类聚,人以群分"。随着社会和事物发展,事理关系日渐复杂。以维塔默为首的学者们在事物结构中发现了"场"的概念。相应的条件形成场,不同性质的事物可以在场的条件下聚集包容,形成相互支撑、相互控制的全新结构。正是跨界思维、整体性思维发现了"异质同构"的事物结构原理,这种思维方式和建构理论,对于人类今日错综复杂的国际社会关系、国内社会结构、经济体制、文化艺术性质现象都具有深刻洞察与现实效应。

尤其是在当代艺术创造领域,异质同构的全新观念、跨界思维的全新意识敞开了艺术家的创造心灵,现代艺术、当代艺术的创意创造可以说是精彩纷呈、无奇不有。现代艺术与现代科学同样体现了人类无穷无尽的创造力和想象力。

以下为跨界思维在服装上的具体表现:

1. 异类拼撞——有冲突才有视效

所谓异类拼撞,就是用不同的元素和文化符号直接结合在一起,形成一种高度对立性的拼撞,这种拼撞形成一种刺激的奇异景观,使两个完全不同性格的人走到一起。

案例分析:

梁明玉为实验话剧《八大山人》(图 2-2)设计演出服装,剧中角色是几位横跨古今中外的多面叙事者,服装如何体现这种人物的文化多样性呢?设计师用一半传统的中式领、一半现代西装驳头领,直接碰撞,突出了古今穿越的怪诞感觉,巧妙地表现了这种内涵和意趣。

2. 错置古今——穿越的力量

所谓错置古今,是指用现代的规定、视角去看待古代的资源,表现古代的服装形态。一切历史都是现代史,除了出土的文物可以证明外,谁也不知道古代的服装到底是什么形态。所以,对古代形象和精神的创造就是用今天的现代手法去处理。

案例分析:

图 2-3 所表现的是古代击鼓的武士。武士服装就是用今天的时钟和工业广告做成的。时钟具有象征性,它象征着时间的流逝,也表现着历史的运转和颠覆。而工业广告则是现代的语言,表现出古今时空的错置,给人以奇异荒诞之感。

在服装设计领域,创意的跨界思维使设计师打破传统的惯性和规诫,打破各种界别形态,形成全新的视觉世界。比如打破内衣和外衣的区别,男装和女装的规定,季节的规定,面料配搭的规定。这使当代服装设计精彩纷呈,蔚为大观。这正是跨界思维引发的视觉革命、设计革命和时尚革命。

图 2-2 梁明玉为实验话剧《八大山人》设计的服装

第三节　创意的动力与智慧

(一)服装创意的动力

1. 创意需要动力

创意必须有动力,创意的动力又分为内在的动力和外在的驱动力。内在的动力是指利益主体的需求和创造主体的表现欲求,而外在的驱动力则指环境和条件的参照和比较。

在内在动力方面,设计师完全不必忌讳创意的利益需求,没必要为了掩盖利益需求而张扬审美需求,也没必要为了强调审美需求而掩盖利益需求,这两种需求都是设计创意的根本需求。尤其是在市场形态下的服装上,完全没有必要去争论这两种最终都要化为创意的智慧。在消费社会中,设计师追求物质生活和财富是很正常的。但你要达到目的,必须要拥有创意的智慧。

2. 服装创意的动力要转化为智慧

服装创意要倾注情感。情感是动力产生的源泉。无论是作为一种商业艺术还是一种独立艺术,都是要倾注情感的,对其投入的情感越深,创意就越到位,这是一点都不含糊的。情感的动力往往是内在动力的最重要的因素。对待服装创意就像对待恋人一样,你爱他(她),就要对他(她)做出牺牲和投入。

只有动力是不行的,动力还必须转化成智慧,才能形成优秀的创意。人要聪明,要有智慧,就要多读书,多认识。

(二)服装创意的智慧

1. 惜墨如金——人的眼睛总挑精彩的看

中国画讲究惜墨如金,是说在造型刻画和着色时,对重点、要点、重色、要色要审慎使用。人的眼睛看事物的时候,总是捕捉那些精彩要素、突出的形状、富于刺激性的色彩,但如果过分使用就会造成受众视觉的无可适从,设计师的创意目的也就变得含混不清。所以,在设计上,一定要用精微的笔墨突出重点、要点。在一件服装上,通常只能有一两点突出的精彩之处,如果有三四点或更多,那就无所谓精彩了。

图 2-3　梁明玉利用古代出土文物设计的武士服装

2. 泼彩不吝——曲尽渲染手段

当然，除了惜墨如金还有另外一种概念，即泼彩不吝。泼彩不吝的手法是指该渲染的所在，要倾其所能，将其表现得淋漓尽致，用尽可能绚丽的色彩和机巧的造型去表现，但这种表现是有区域性的，或者是服装的局部，或者是服装的整体，这个要看设计师的创意权衡。

3. 似与不似——什么是真实的形象

中国的艺术一般不走绝对的道路，中国艺术的意象平衡，虽然有着制约发展的消极作用，但也有着艺术创作的高妙之处。齐白石曾说，作画妙在似与不似之间，太似则媚亦有"媚俗"一说，不似则欺世。西方的抽象主义主张提取事物的要素，而非事物的形貌，后现代主义则强调用不同资源的整合呈现出一种有新意的面目。这些不同的艺术主张，都有一个共性：艺术家的创造绝不是要还原于一种表意，达到实物的标准，而是要创造艺术家和设计师心中的事物。服装设计师的创意是有形的，也是要符合人们的穿着习惯的，但每一个设计师心里想的创意都希望是与众不同的，从未出现过的。其实从人类创造的整体能力来认识，纯粹的创新是不容易的。服装创意的真正产生在于设计师心中的营构和独特的趣味，而不在于单纯的款式标新。有时候，创意就是非驴非马，综合了各类款式的特长，但又不是各类款式，这就是创新。后现代艺术的创作特征往往是拼贴、组合、复制，但这种综合性手段必须出自艺术家和设计师自己的主体选择，而不是听由他者、随波逐流。

梁明玉设计作品《知白识黑》草图

案例分析：《知白识黑》

"知白识黑、绘事后素"是从广义和根本上对艺术的一种认识,是告诫艺术家和设计师在营造图像之时,千万不要忘了图像背后的基底和背景。这是说在基底和背景中才产生图像,艺术家和设计师要将这种基底和图像的关系同时顾及,去建构的时候,千万不要忘了空间,去渲染的时候,不要忘了衬托。(图2-4)

4. 增减有致——整体与简约的意义

根据创意和情绪表达的需要,设计师可以把服装做得金碧辉煌、错彩镂金,刻画成极致的超级物质主义;也可以把服装塑造成一种极朴极简的非物质主义。这是两种完全不同的审美取向和艺术风格。这两种

梁明玉设计作品《知白识黑》

图 2-4

取向都要付出精心的思考。服装设计的加法不好做，有时候，再加一点就过了；减法更不好做，每减一分都要有意义，减不掉的就是最后的精华。雕塑家罗丹曾经打了一个比喻说，一件雕塑从高山上滚下来，滚到谷底，摔掉的部分不是雕塑，没摔掉的才是雕塑。这个比喻说明了整体和简约的要义。

5. 保持心灵的感悟和精神的追求

《道德经》说："玄之又玄，众妙之门。"这是说精神的精微之处不可言说，而又无处不在。中国古代艺术理论所谓"妙机其微""迁想妙得"中"妙"的概念都是通过精神领悟而得到的意趣。在服装设计的过程中，到处都可以产生美妙的意趣和精神的享受，但要创造这种美妙的意趣和精神的享受，却是要通过心灵感悟和精神追求，并由之苦思冥想、多情善感、千雕万琢才能得之。"妙"还有巧的意思，所谓巧妙，这种巧是灵巧和机巧的并运，即心的灵动、手的灵巧和事物关系的灵活。设计师应该在设计实践中，用心的灵动去感受那些优秀的设计，观察其他设计师创意的妙趣和手段的机巧。每一件打动人的服装必有它的高妙之处。所有的妙处都是通过心灵去体会和创造的。事物瞬息万变，艺术随机应变，以变为通，唯有心灵的感悟和精神的追求是不变的。

6. 保持心灵的追求和创作的动力

人类要艺术来干什么？就是用它来净化心灵，涤荡现实中的丑恶，创造心灵境界的美好，并使我们生存的这个境界朝着美好的图景和心灵的自由发展。人的心灵就是宇宙，艺术创造随心灵的旷远而无边无际，与日月同辉，与江河长流。每一个时代、每一位大师都为艺术史留下了辉煌的一页。作为生命个体的艺术家，他的作品却能够为多数人所传颂，这是因为他用艺术的魅力拨动了民众的心弦。个体生命是有限的，一个艺术家、一位设计师倾其毕生精力所能贡献于世的作品，也不过是沧海之滴、泰山之石，但艺术家和设计师的心灵却是无限的。他（她）们的境界，可以和上古圣哲先贤对话，用错视的手段找回历史的真实，用神奇的谶语招补既逝和缺憾。他们可以心骛八极、思接千载，也可以化腐朽为神奇。对艺术家和设计师而言，真实世界的疆域在于他（她）心灵驰骋的所能。所以，艺术家和设计师既单纯又复杂，既易足又贪婪。他（她）们在自己的世界游荡，往往不屑于外部世界的规则。他们的心理繁复、情感丰富、哀乐无端。他们兴奋于对其作品的一眼青睐，他们的追逐永远不会停息。

作为一个创造型的服装设计师，如果心灵追求停止了，创造力也就枯竭了。艺术家的心理年龄跟常人不同，创作激情和艺术游戏会保持设计师的青春和精力。在服装的艺术世界中，青春的激情和对时尚的追逐不随岁月而衰减，也不因青春年少而精彩。唯一的标准和鉴证就是其设计魅力和艺术风采。

第三章　服装设计的创意思维和创意定位

第一节　服装的常规属性与创意思维

(一)服装的常规属性

事物的常规属性包括自然属性、文化属性和功能属性。创意的方法便是在事物的这些基本属性的基础上进行相反或是排除性的思考。

服装的常规属性可分为:物质属性、功能属性和文化属性。所谓物质属性,指的是服装的材料、色彩、形状。所谓功能属性,指的是服装的功用,它所针对的人群——男性还是女性,小孩、年轻人、中年人还是老年人,以及不同类型的人群性格——开朗型的、保守型的和另类型的。文化属性指的是服装图示文案或款式等背后所隐藏的文化意义和内涵。

创意服装往往是建立在服装常规属性的基础上,融入创意思维方式。对于跨越艺术与科学,兼顾设计与工程的服装设计师而言,该如何培养创意思维呢? 认识创意思维的性质、特征和表达方式非常有必要。创意思维具有鲜活的生命力、丰富的内涵、超越的想象和充沛的情感,仿佛博大精深、漫无边际,但其实创意思维有着自己的规律。认识这些规律,对创意思维的培养颇为重要。

(二)创意思维的基本类型

1. 针对性思维

针对性思维是指确定了创意的目的和方向之后, 遵循既定目的而进行的思维活动与思维方式。通常是围绕一种欲达到的目标性意象而调集逆向思维、跨界思维、超越思维,以完善和丰富这个目标意象。在艺术创造和设计过程中,针对性思维表现为:为了塑造特定意象,竭尽各种想象,语不惊人誓不休。

材料选择的创意：在服装材料的使用上，纤维的柔性就是一个总体的前提，在这个前提下，设计师可以调集一切材料来制作服装。比如，西南农村有的现在还使用着遮雨的蓑衣，这蓑衣就是用棕毛来做的，既透气，又避雨。城里的人避雨都用雨伞，而乡村的小孩摘一片荷叶顶在头上就成了斗笠了。自然和反自然的材料都可以成为设计师的选择。近年，环保成为服装界的一个主题，有许多年轻的服装设计师，将人们的消费垃圾再生利用，如 IC 卡、可口可乐的包装罐、光盘；也有人从大自然中获取材料来做服装，比如芭蕉叶、竹笋壳、竹编；为了表现工业污染、生化污染对人类的侵害，也有设计师用注射器、输血管、输血袋、防毒面具、医用纱布、矿泉水瓶来做服装材料。这些服装未必能穿出来，但体现了设计师们环保的意识和综合利用材料的观念，也具有服的形态美感和趣味。服装设计中所谓的"旁门左道"，实际上是对制作技术常规反其道而行之。比如，在不该剪裁的部位进行剪裁，在不该收省的地方收省，在不该钉扣的地方钉扣，在不该暴露的地方暴露，在可以省料的地方铺张，在可以铺张的地方省料，在不该装饰的地方进行装饰。总之，设计师可以在服装规范和技术环节上做各种实验，以达到自己别出心裁的创意目的。

案例分析：

1991 年，台湾作家三毛（图 3-1）去世，三毛作品中对自由爱情和美好事物的追求，深得青年拥戴。她去世后，很多年轻人开始怀念她，梁明玉由此设计了三毛系列的女夏装系列。该系列款式轻松，有浪迹天涯的随意，在裙和衫上绣了三毛散文的意象图案和怀念三毛的寄语。服装异常畅销，供不应求。这种创意思路就是针对性思维，其针对的对象往往是民众生活中的真实情感和切实需求。

服装设计的针对性是非常强的，服装的畅销流行取决于制造需求与引导消费。需求与消费都是有针对性的，设计师把握需求与消费的针对性能力和针对性思维，决定了其设计在市场上成功与否。

图 3-1　作家三毛

2. 超越思维

超越思维是指对现实事物、具体事物的超越。现实事物往往是有规定性含义的，人们对现实事物的认识也是限于既定经验的，超越思维对现实具体事物赋予更多、更深、更高的或另外的含义，借现实具体事物提升了精神境界。超越性思维在哲学、科学、艺术、宗教领域都起着重要作用。超越性思维可以洞察人类精神的博杂与局限，提升人类精神境界和思想视野，启迪推动人类进行更高价值、更深层面的创造。人类历史上的精神导师即历代圣贤，无不以他们独特的超越思维能力引导历史，赐福人类。释迦牟尼、耶稣、穆罕默德、孔子、柏拉图、康德、牛顿、爱因斯坦，他们点燃超越之光，使人类不致沉坠现实，而是开拓勇进。这种思维表现为艺术材质和形式赋予新锐独到的观念，使艺术作品对人类产生价值。

案例分析：

台湾艺术家谢德庆的作品《打卡》(图 3-2)，就是规定自己在 365 天之中每隔 1 小时在孔式打卡机上打一次卡，考勤卡上就有了 1 个孔，365 天过去，8760 个孔一个不少。这有什么意义呢？这意味着这位艺术家一年之中不能有超过 1 小时的休息时间，也不能超出 1 小时往返于打卡机的行动半径。这简直就是一种酷刑。这个作品表达了人的毅力能忍受的极限，它远远超越了打卡形式，也超越了人的极限能力，而达到一种人的精神境界可以超越一切磨难的、苦行僧般的纯粹境界。

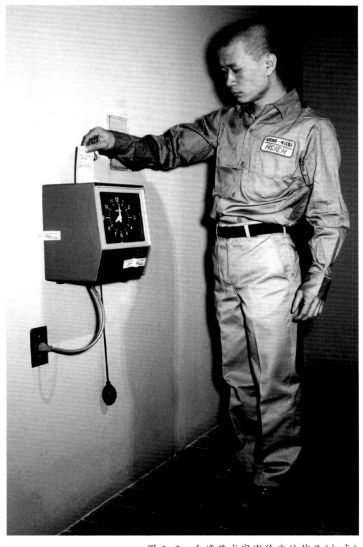

图 3-2　台湾艺术家谢德庆的作品《打卡》

3. 天下素材为我所用

设计如果能体现一种新锐的观念和独到的趣味，就具有了原创的意义。设计师要保持思想的敏锐和开拓，而审美直觉与灵感是艺术创造的思维之源和根本方法；直觉是创造力、创意思维的保障。无论是从事科学还是艺术，我们都需要保持和训练直觉与灵感，增强自身的创意思维。

第二节　服装设计的创意定位

以上的创意思维模式有助于拓展我们的思维，然而服装所针对的人群非常广泛，不同的消费阶层有不同的诉求，服装可借用的资源也非常广泛，不同的图式又有着不同的风格特征，这些都需要我们对服装创意进行定位思考。

（一）服装的创意定位

服装创意要考虑消费对象的设计诉求、审美心理、接受能力、生活习俗等等，而创意思维的展现恰恰是在综合考量了以上因素之后产生的。

现代服装产业是规模生产，服装消费是模式化、标件化的消费，服装作为产品，其规格、型号、款式、质地、技术指标必须标准化。服装消费是以流行趣味、族群类型而进行适合选择的，现代服装产业的这种规模化、标准化，服装的流行规定和适合选择，决定了服装的技术标准和审美规定、流行规定、消费对象，而这些都是服装的常规标准，而服装市场和消费者又随时具有突破常规的创新需求。正因为服装的常规性、普及性、适合性，使服装设计形成套路和束缚，形成服装设计的障碍。品牌创新往往是从品牌接受层的生活方式、文化趣味来创造新意、调整形态，或者营造一种文化氛围、历史记忆、消费资源，这些都是利用非物质精神资源，都是要靠思想的创意。

对于产品的创意和创新，则可以见出以下分晓：创新可以表现为产品的更新换代，功能更完善，操作更方便，更具适合性；而创意则表现为观念性的改变，来自设计意识中的一种震撼与新奇，打破常规性经验的束缚，使产品有全新的含义创造和人性化的震动及意趣。

（二）消费对象和消费阶层与创意定位

服装消费的阶层文化规定了其消费状态、消费性质和消费行为。其中消费能力是最重要的。

今天的服装市场已经较为规范了，不同层面的消费者会在不同层面的商店购买不同档次的品牌。因而服装事实上已经根据消费者的选择自然地在市场中形成了类型和档次。每一个类型和档次都有着其固定的消费群，也有着各异的消费心理和购买能力。就同类型的服装而言，影响消费者承受能力的有许多因素，比如服装款式和吸引力、价格、性价比等。有时候服装的价格因素制约了服装对于消费者的吸引力，消费者便要控制住自己的欲望，等待服装打折的时候再来买。在服装消费中，打折已经成了一种选择的尺度和促销的手段。因此，对于服装设计师来说，其设计产品的吸引力就显得尤为重要。针对不同层面的消费（大致分为大众和小众），设计师应该在把握了消费者承受能力和消费心理诉求的基础之上，尽可能地拿出自己的创意设计。

(三)消费者的设计诉求与创意定位

1. 消费者对设计的诉求

大众文化的流行规则是很奇怪的,其往往是创作者和接受者的互动。制造者和消费者共同营造了服装消费文化。消费者希望设计师拿出他们需求的服装款式,而设计师又是根据消费者的审美趣味和审美能力进行设计的。设计师的创造带着消费者的规定性,消费者的选择由设计师来引导,这是一个互动的关系。在最低端的市场和最高端的市场,这种关系还不是十分明显,低端的服装受众的选择性不是很主动,因为价格低批量大,设计的含量和消费者的选择都是有限的。最高端的设计,服装消费者消费的是设计师的艺术,在这个层面,设计师的设计是被当作个性艺术而被充分尊重的。在大部分的中端的艺术中,由于价格、购买力、设计师的创意和消费者的意图几乎处于一种平衡状态,相互控制,所以互动关系特别明显。有时候,消费者的诉求几乎是决定性的,消费者的诉求决定着设计师的方向。所以,中端服装设计的难度是最高的,消费者有着有限的消费能力,却有着无限的诉求;设计师有着个性的创意才华,却有着众多的设计限制。这带来了设计主体和消费主体的双向消解,这就是服装设计的艰难所在。

2. 服装市场和服装形态分类

服装设计师要想把自己的设计推向市场,首先应该对自己所属的品牌、风格、产品定位了然于心,并要通过尽可能细致、全面的市场调查,确定你的产品的消费者层次,必须知道谁穿你的衣服。

一般说来,服装市场和服装形态分为大众和小众。大众服装形态有如下内涵:①符合中低层收入者的消费能力;②批量生产,产品具有互换性和通用性;③售价、成本和利润相对低廉;④服装形态具有流行共性;⑤款式风格能适应多数消费者的趣味。小众服装有如下内涵:①具有明显针对性,针对特定阶层和族群人士的着装趣味;②批量小;③时尚感和创意性较为突出;④售价成本和利润相对高;⑤服装形态有局限性和选择范围;⑥款式相对新奇。

3. 服装市场与创意定位

依据服装接受的层面,服装市场分为批发和零售。批发市场以多量和低价、周期短为特征,一般按中心城市和卫星城市为中心形成梯级的批发市场。零售市场则分大型商场、服装专柜和专卖店三种形式。服装厂商、品牌代理商与大型商场服装部实行分账式销售。专卖店是由品牌商或代理商独家经营。连锁店则由代理商加盟,各级销售都有约定的价格,以及销售风险的承担方式,每一种销售方式都有它的利润空间和风险所在。服装设计师必须了解服装产品的销售渠道、销售方式及其价格空间,才能够在允许的成本空间中展开自己的设计。

(四)服装的接受层面与创意定位

1. 设计师应该是社会和文化的捕捉者

服装的年龄层面虽然有生理年龄的限制,但一般是用文化层面来划分年龄阶段,如当代中国的年龄层,一般按十年一代:40后,通常被划作传统文化类型;50后,通常指经历复杂、责任重大、思想开放、信念坚定的一代;60后,通常指文化错落、实用主义、跟着感觉走的一代;70后,通常是指漂泊无根、随遇而安、青春残酷的一代;80后,通常是指喜爱卡通动漫、时尚追星、科技生财、失落的一代;90后,是看不出来的一代。每一代人都有自己的社会观、文化观、消费观,对服装都有他们独到的理解和流行方式。

从社会结构上观察,在今天的消费时代和多元社会中,有各种阶层和族群,有蓝领、白领,也有城市居民、农民、城乡结合部族群。从生活方式上观察,有职业的、休闲的和另类的。从文化观念上观察,有保守的、开放的、综合的。从教育程度和知识背景上来看,有知识阶层、非知识阶层。从宗教信仰来观察,不同的宗教信徒都有其服装服饰的规定性和特征。社会是多元复杂的、文化是多元复杂的,服装正是多元的社会和多元文化的表征。服装设计师应该是一个社会和文化的观察者和捕捉者,用他的画笔和剪刀塑造充满生机的、缤纷灿烂的世界。

2. 设计师应该洞察各个时代的服装规定性

每一个时代都有其总体的服装规定性,比如"文化大革命"时代,整个社会处在一种精神亢奋状态,那个时代人们把政治当成信仰,生活以艰苦朴素为荣,全国人民的服装都是半军事化,强调统一性、革命风采和艰苦朴素的工农兵本色。在色彩上,适宜人们的只有三种颜色,一是军绿色,二是蓝色,最后是灰色。所有的装饰都是红色,而且大人、小孩、老人都一样。"文革"时期的服装具有最典型的、最广泛的社会共性。

在不同的社会中,种种社会规定导致了服装形态的差异,比如社会体制和职业类属的规定。从国家领导人的服装风格可以看出社会的发展和变化。"文革"后期,所有的领导人在公共场合都是身着中山服,而今天的国家领导人都是西服领带,这体现着中国的改革开放和社会进步。国家公务员的服装和普通百姓的服装也是有着社会规定的区别。随着中国社会大量的农民工进城,以及农村土地大量被征用后,出现"农转非"现象,城市与农村的服装景观正在相互影响。

服装的族群特性在农耕社会和宗族社会中最为明显。在今天受到保护的民族地区还保留着服装服饰的族群特征和风格。随着现代社会的工作方式、居住方式、生活方式的变化,传统的族群成因正在减少,而形成了受流行文化影响和由职业、生活状态因素决定的现代族群。如"打工族""月光族""京漂族""单身贵族""驴行族""靓车族""闪婚族""QQ族""宅男宅女族""卡通一族""AA族"等,这些新的族群都有共同的嗜好和审美,也有着共同的服装消费心理。

(五)性别取向与创意定位

世界只有一个,人类却分男女,造物之始,古往今来,宇宙阴阳交序,世间男尊女卑,如此违规失衡,人类却不觉察,以为天经地义。现代文明启蒙,始有男女平等,然权有不公,势有强弱,财有不均,雄殊雌别,空间阔窄,观念畅闭,男女纠缠,实为人类巨大矛盾和永恒话题。

1. 男女不同的性别决定不同的服装消费心理

男性女性的服装消费心理也有殊异差别,由于长期的男权中心主义的人类社会结构,男性的消费心理包含了下列一些因素:权力、财富、中心、雄强、轩昂、稳健、不苟变化、内蕴、简朴、象征性等,而由于女性处于长期的男性权力中心社会,始终是被注视的对象,所以女性的着装基本上是给男性看的。这就决定了女性服装审美的被动性,妩媚、温柔、贤淑、规矩、柔美、华丽、纤弱、矫饰。进入现代民主社会以后,社会文明促进男女平等,男女两性的服装产生了一些变化,男性服饰也开始温柔平和,而女性服饰也变得刚健独立,出现了一些处于两性之间的另类服装,即通常所谓的中性取向。

在服装消费中,男性的消费趋于理性,一般注重服装的财富、社会身份的象征性和功能、人际等作用,对服装的审美属性和艺术语言较少考究。男人对于服装的选择也比较果断,一般只重原则不重细节,但具有优雅品位和礼教规范的男性则除外。女性的服装选择心理则主要依靠感性,几乎没有什么理由,女性花在服装选择上的精力比较多,为了一件服装,可以反复地去商店,买回来以后,也不一定经常穿,合自己心意的款式可以买好几件,所以女装的变化是最迅捷的,也是最丰富的。女装是设计师发挥创意才能的主要领域。

2. 服装设计师应该了解不同的消费心理

服装设计师应该了解消费心理的共性和个性,在现实生活中某些个性其实是可以归类的,设计可以通过对个性的归类进行适合的创意;也有不可以归类的独特的个性,设计师可以根据对这种个性的了解进行独特的设计创意。

(六)生活习俗与创意定位

人类的传统是怎么延续的呢?就是靠习俗,习俗就是一代一代人的传承。在这种传承中,人们一般不会去追问其中的道理。习俗作为一种生活的规矩或习惯,自然会向后人一代一代地传下去,如伦理的传统、个人修养的传统、生活常识、审美的经验都是这样。衣着的习惯和服装的知识同样如此,对时尚和流行的接受也是这样,绝大部分人不会去追问时尚与流行的道理,只是觉得大家都这样穿就应该这样穿。"时兴"就是决定的标准,如果你不加入"时兴",你就被时代和生活所抛弃。所以习俗也可以说是一种盲目的惯性,作用于服装消费心理。

服装设计师要通过作品给予生活以新意,但往往会受到习俗的拒绝。那么,应该怎样来看待习俗呢?首先应该尊重习俗;其次应该启发和引导、突破习俗。这是一种辩证的关系,取决于设计者把握的程度。

(七)消费能力与创意定位

消费能力是决定消费心理的极为重要的因素,因为人总是生活在现实的经济状况中。审美和艺术往往遭遇这样的悖论,人们通常认为审美和艺术是超功利的,与金钱无关。但当一个人处于拮据的处境,是不可能进入超功利的纯粹审美的。在商业的审美和服装的艺术中,价格和价值往往是一种能动的审美和创造因素。消费者在选择服装的时候,非常自觉地将服装价格跟审美选择联系在一起。一个高明的服装设计师会调整价格、价值与审美之间的关系,比如使相对低廉的价格呈现相对高端的品位,也会使相对高价位的服装呈现朴素的面目。这些都是设计的手段,也是调节各种不同消费心理的方式。

(八)审美取向与创意定位

审美是没有绝对的客观标准的,但艺术规律是有客观标准的。每个人都有自己的审美取向,不能强求一致,如果一致了,也就没有审美了,但每个人的艺术鉴赏能力是有高下的,因为艺术能力必须要通过训练,而审美能力却是天生的。常常听人们说,我没有艺术水平,但是我会欣赏,这是一个最为普遍的错误,你没有艺术水平又怎么会欣赏呢?所以大部分的消费者有审美的本能和取向,但谈不上艺术欣赏。艺术欣赏,包括对服装的欣赏和鉴别,是需要通过教育和训练的。专业的服装设计师就是要用专业的设计去引导和培养消费者的欣赏水平和鉴别能力。由于服装设计在中国还是个很年轻的行业,中国的服装行业几乎全是由前店后厂的作坊式发展起来的。中国有上百万的服装企业和服装制作个体工商户,有专业设计师的能有多少?可以说,中国的服装行业大部分都是经验型的,完成原始积累后,这些企业都会向现代企业转换,所以,专业设计师特别是有创意能力的专业设计师大有用武之地。目前,中国的服装市场上还充斥着大量的低品位的,甚至是恶俗的服装,这是由中国企业和市场的现实所致。当市场和企业成熟以后,整个服装行业便会由专业的设计师主导市场,消费者想买低品位的、恶俗的服装都买不到。所以,服装审美趣味是需要引导的,服装市场是要提升的,人们的服装消费也是由低到高逐步提升的。

(九)款式趣味与创意定位

款式是设计师创意的最终结果,所有的艺术才能和服装观念、服装趣味都要落实到款式上。消费者对品牌的认识也最终落实在具体的款式上。一般说来,服装款式中有相对稳态不变的经典款,比如,男装中的西装、夹克,风行全球百年不变。西装由西方的马车夫服装演变为今日公认的礼仪正装,包含了历史的沧桑和文明的共识。而受流行驱动的款式,无穷无尽地变动,变化成了它的美学核心。款式的变化趣味成了女性消费者的永恒话题和无尽追求。

款式的趣味千变万化、无穷无尽,有多少消费者就有多少趣味。今天的服装款式几乎已经结束了原创的阶段,而是各种资源的拼接、组合。构成服装款式趣味的有独特的结构特征和局部的特殊别致,比如:蕾丝是欧洲的特殊工艺和形态,可以表现出闺秀的优雅;荷叶花边具有装饰的趣味和浪漫的情调;编织流苏来自于吉卜赛民族,有浪漫不羁、云游潇洒的美感;褶皱的工艺可以使平面的面料呈现出凹凸的空间,增强立体的视觉;明线体现出干练精明的精神气度;低胸透背是从西方晚礼服和泳装中综合而来的,可以体现女性肢体的妩媚性感。

(十)个人偏好与创意定位

在消费时代,个人的偏好往往表现为特意与众俗拉开距离,呈现个性成为坚持偏好的正当理由。设计师应该把握偏好和众趣的关系,应该理解和尊重个人的偏好。总的说来,个人的偏好有两种动因:一方面是由个人的心理原因和性格决定的;另一方面是为了张扬这种心理和性格。对于设计师来说,理解这一点是很重要的,他可以帮助着装的个人偏好者表现他(她)的个性,也可以使偏好者保持与大众趣味的平衡。有很多心理学的实验证明,在消费社会共性处境中保持和尊重个人偏好,是推进服装文化的一种方式。

(十一)性价比与创意定位

一般说来,各品牌和厂家的产品都具有现代化的生产条件和质量检测。服装不是什么高科技,所有的产品相差无几。消费心理的性价比较一般是在同样的商品中,选择质量、诚信和价格,比如产品的可靠度、价格的优势以及售后服务,这些都是消费者的比较尺度。服装的行为、环境与创意定位、服装的行为与环境是往往容易被设计师所忽略却又是非常重要的。服装的美感在行为和运动中,也在环境中,这要求设计师在创意之初就要考虑到人体着装之后的行为效果与环境之间的关系。人的着装行为各种各样,按常规有礼仪行为、职业行为、生活行为、师表行为、审美行为以及创意表现行为等。不同的行为有着对服装的不同诉求,创意表现行为是为了非功利的表现性,所以会呈现有别于常规的新颖、荒诞和别致。

环境因素也是服装创意的重要因素,尤其是针对性的服装设计,要考虑设计对象所处的特殊环境。总的说来,设计创意的独特风格不能过分地违背环境,除非是在特殊的环境中,比如化装舞会,那就是设计师自由驰骋的天地。

(十二)变化与追求,创意无止境

物质的欲求和审美的需求制造了时尚,作为时尚先锋的服装创意,由追求而变化,由变化而追求,永远无止境。时尚的目的,就是永恒的变化和追求,而流行就是这种追求和变化的过程。设计师必须适应这种变化,建立起一种思想,即在服装世界里,所有的事物都是变化的,唯一不变的就是变化本身;所有的创意都是要变化的,唯一不变的就是创意本身。

服装艺术的巧与拙,有其独特体现。巧一般表现在服装结构的精妙,构思独到,细节的处理,充满灵动。拙则表现为服装构思的深厚,服装结构的不苟变异,风格气度的含蕴、不张扬。这两种趣味和风格,看上去完全不同,但相互却有着一种内在的精神性关联。巧能够给人聪颖活跃、灵活机动、风韵气度、充满朝气的感觉。但巧的取向,易于流于浅表,而拙的取向则可以包容巧的形式语言。拙的风格取向,并不排斥结构的技巧和语言的矫饰,但在拙的包容和取向中,切忌表面的灵巧、聪颖。大巧若拙的比喻是说,灵巧机动、生命活力都可以在不动声色的内敛含蓄中表达。这种内在的包容和超越是需要经过对服装语言的千锤百炼、摸爬滚打后才能体验到的。

案例分析:

案例一:《南国魂》

创作年代:1991 年;作者:梁明玉;材料:家纺土布、手工夏布、手工豆浆、海绵充填料、苗族手工银器、响铃、顶针、铁链、自制首饰。(图 3-3)

服装数量:16 套。

工艺:除家用缝纫机缝合外,全部手工制作。

设计灵感:来自四川乡间蓝印花布,设计师深入川南乡村染农家庭监制,改造传统印花版,以布料群雕的方式解构传统服装结构。16 套服装结构各异、浑然一体,具有强烈的视觉冲击力和中国文化内蕴。在梁明玉的设计实践中,从一开始就是以自己所需去选择民族服饰资源。其所需是什么呢?就是要将民族传统带入当代,就是这种坚定的理念。梁明玉在设计《南国魂》时,选择了苗、土家、汉族服装的有效元素,保持原生态的面料质感和工艺方法,比如掌握了传统手工印染工艺。梁明玉觉得民间染农的花版太传统、太模式化,达不到表现目的,就重新刻版,以现代构成重组传统图案,但人们都能看出《南国魂》明显的西南少数民族痕迹,又辨不出到底是哪个民族,能同时感觉到国际化的现代语言。《南国魂》的创意设计,梳理和集成了博大精深的中国服饰传统,以中国西南少数民族服饰为基本意向,吸取欧美高级成衣的品质气度和表现手法,穿越中国民族原生态服饰的朴实性和苦难感,而呈现了雍容华贵、凝重内蕴的中国服装神韵。(图 3-4)

《南国魂》设计草图

苗族首饰

图 3-3 梁明玉设计的《南国魂》

图 3-4 《南国魂》舞台展示

案例二:《蓝色西部》

《蓝色西部》系列(图 3-5~图 3-9)是距《南国魂》系列十年之后的再度创作。如果说《南国魂》是中国服饰精神的现代表现手法,《蓝色西部》系列则是对中国服饰精神的后现代主义表现。在这个系列中,设计师吸取了各式的现代服饰语言,并从中国古代出土文物的服饰意象中获取灵感,用各种材料和编织、梭织手工手段雕琢细节。服装结构完全超越了功利目的和衣着常规,在一些局部曲尽表现,用编织、绳裹的方法演奏着服装的交响音乐。该系列机巧可谓多矣,性灵可谓活矣,但这些机巧、性灵都统帅、服从于纯粹的中国蓝所体现的整体而大气的雄浑基调。

图 3-5 《蓝色西部》设计草图

037

图 3-6 《蓝色西部》(1)

图 3-7 《蓝色西部》(2)

图 3-8 《蓝色西部》(3)

图 3-9　梁明玉与《蓝色西部》模特合影

案例三:晚礼服设计

古往今来的服装在追求豪华富贵方面都是同样的,无论是帝王之家的华服冠冕,还是普通百姓的婚娶嫁妆,人们都曲尽表现手段塑造富贵气象。

贵州省黔东南地区苗族女性(图 3-10)平时的装束简朴,以青蓝黑为主,每逢佳节则穿戴盛装,载歌载舞。当地有出嫁少女"跳锅庄"的习俗,少女们依年龄大小排成队列,前列的少女盛装极盛,排在最后的往往是小孩,有时仅戴有一个银锁链。

图 3-10 梁明玉所绘苗族服装手稿

西方的晚礼服来自于宫廷,在今天的国际服装形态中成为一个专门的类型,做工考究、面料高档,是女装中最为华贵的形态。欧洲的晚礼服延续于洛可可时代的优雅华美,而中国历代宫廷服装,注重皇室的威仪,面料考究,往往镶金丝于织锦,色彩等级森严,皇室多为金、红、黄、群青,气度雍容华贵,仪态端庄。但中国的宫廷服饰由于革命时代而告结束,并没有转换到现代服饰中来。欧洲的宫廷服装和现代的晚礼服有着自己的特殊美感,中国的宫廷服装也有着她卓绝一世的高贵气象。西方的设计师和中国的设计师都有融合二者的作品。笔者也设计过一套晚礼服作品(图3-11、图3-12),将西方和东方的规定打破,融为一体,采用蕴含丰富的中国符号和欧洲顶级的 Solstiss 传统花边。

图 3-11　梁明玉所绘晚礼服设计草图

图 3-12　梁明玉的晚礼服设计作品

第四章　服装设计的素养和能力

第一节　服装设计师的基本素养

(一)注重服装的整体风格与细节品质

整体风格的确定要靠无数细节的完善,细节是品质的保障。服装是一门至宏极微的艺术,需要远观和近视。精美和严谨的细节可以看出设计师的心境和修养功力,细节表现情感,由微观之处通达人性,一叶知秋、纤毫达意。尤其是女性服装,其品质往往是靠精微的细节传导品牌的独到,对细节的挑剔和欣赏是服装审美的独特属性。由于纤维的细腻和柔性,服装的近身和亲昵易于表现精巧的语言,易于传达细微的情感,这是服装的物质属性和心理结构的对应特征。细腻的审美情感是人类社会文明程度丰富而高雅的体现。人们对服装的细节认识往往使它被当作礼节教养、阶层表征的属性。

在 18 世纪的洛可可风格时代,法国宫廷的服装华丽繁复,将服装的细节发挥到极致。这种遗风也作为一种当代消费资源进入奢侈服装和高级成衣,也影响到中产阶级和一般市民的服装趣味。

细节可以表现精神气度,也可以表现服装设计师的精微用心。细节的创造往往是对于常规部位的精雕细刻,以及工艺上的巧夺天工,比如一颗纽扣、一个衣褶、一片领角,设计师可以在微观世界中绞尽脑汁、曲尽创意,创造叹为观止的境界。细节表现出人性关怀的周到,设计师处处从服装的得体与礼仪举止的精微处设想。服装又是一个规范的艺术,人们的消费习惯不会轻易改变,所以任何一个轻微的细节变化,都会制造惊奇和新意。细节还可以表现专业意识,在欧美的一些高级服装制作中,其细节的品质犹如瑞士的钟表,无以复加,令人赞叹。当然细节也是高附加值的保障。

细节意识应成为设计师的专业修养。无论品位高低的服装,都应该注重细节,以体现服装的人性化关注和消费的性价比。不会把握整体的设计师不是一个称职的设计师,不懂得细节设计的设计师同样不是一个称职的设计师。称职的设计师应该是胆大心细,既粗枝大叶又吹毛求疵。服装消费者对细节的挑剔有时可以达到不能容忍、匪夷所思的地步。细节的趣味因人而异,设计师要尽可能地考虑周到来应对。细节往往也是销售的保障。(图4-1)

图4-1　设计师在考究服装的细节

(二)注重审美素养的培养

1. 服装审美概念

服装是审美的载体,审美是人的本能。

在现代社会,人类的服装意识,早就脱离御寒、防暑、蔽体、遮羞的基本功能,审美需求成为主要需求。服装伴随人类审美本能而产生并发展,天生具有审美属性。审美是人的本能意识,服装在人类生活中,除了其功能性、商品性外,也是人类最基本、最直接的审美载体。古今中外,世界各民族的服饰都记载、传达了其独特的审美意识。人类千姿百态的服装,表达了不同地域人们丰富的想象力、创造力。

2. 服装审美的本质

服装审美的本质是人的精神、思想、情感与文化。

服装的审美特征和艺术特征，其根本的基础就是以人为载体。人是审美意识和艺术创造的核心，对于服装审美与服装艺术而言，人的概念是人的身体和人的思想意识、精神境界、情感方式。人的身体是有限的，但人的思想精神和情感是无限的。人体工程、肢体结构、人体空间、服装型号适配等，只是服装与人的外在关联；人的气质、性格、风仪、内在思想、情感与情趣、文化属性等，才是服装与人的深层关联。审美性其实就是人的感性无限性。认识服装的审美概念，首先就要认识到服装的美是人的感性无限性的创造。人的精神情感无止境，服装的创意创新就无止境。服装审美、艺术创造以人为本，可容载吸纳人间万象，大千世界，海阔天空，宇宙吾心，物我相忘。服装虽然是一种有规范的应用艺术，但其审美的高度、广度、深度却是不可限量的。同理，服装艺术的创造和魅力也是永恒无限的。

3. 服装审美的品位

服装设计的品位要注重在普通大众审美与艺术审美之间的平衡关系。

一般说来，服装审美和艺术创造是寄载、融会于服装的商品形态和社会景观中，也就是说服装的美更多地呈现于商业审美和民俗生活审美，服装艺术更多是实用艺术形态和通俗流行艺术形态。服装设计的对象是人，是基于人的本能需求，针对人的物质需求与精神需求、功能需求与审美需求而进行创意的，并具适合性、规范性的设计。

但服装审美、服装艺术也可以超越实用的、流行的、商业的、民俗的形态而升华到纯审美精神形态和纯粹艺术形态。服装艺术与其他纯艺术如音乐、绘画、雕塑、史诗一样，可以通达纯精神领域，震撼人心，给人以纯美的精神审美享受。

服装因其服务对象的广泛性，使其同时属于大众文化、流行艺术、商业文化、商业艺术，成为为大多数人所能接受的艺术形式。同时，服装也可以通过品牌效应、艺术风格以及演艺艺术、舞台艺术等载体上升到较高的文化含量和艺术品位的层面。作为一种优雅的生活和高尚文化的表征，服装也可以表现出一种较为纯粹的艺术形态，表达设计师独立的艺术观念和独到的形式意味。服装作为纯粹的艺术形态，与文学、音乐、美术、戏剧、电影一样，是经典艺术和史诗艺术。

048

图 4-2 《红星毛泽东》舞台展示(1)

案例分析:《红星毛泽东》

创作年代:1992 年;作者:梁明玉;材料:粗呢毛纺、铝制军用帽徽、定制军靴、皮革手套、八角帽。

服装数量:40 套。

展示场所:第七届全国运动会开幕式。

伴奏音乐:《歌唱祖国》(摇滚版)。

设计灵感:20 世纪 80 年代,中国从"文革"意识形态革命时期全面转入经济建设和商品时代。设计师有感于国人文化处境的剧烈变化,用毛泽东时代的军装风格和商品时代的材料消费、绚丽色彩组合形成强烈的视觉震撼和心理撞击,这种创作风格又称为"政治波普",表现了历史的英雄主义气概和现实的荒诞处境,形态写意而真实、色彩艳丽、结构夸张而有据。军装的威仪与消费的意欲、理想的张扬和现实的茫然、光荣与梦想、失落与荒诞都通过巨大的衣兜、重叠的红星、整齐的步伐和时空的错位,得以充分表现。(图 4-2~图 4-5)

图 4-3 《红星毛泽东》舞台展示(2)

图 4-4　《红星毛泽东》舞台展示(3)

图 4-5 《红星毛泽东》舞台展示(4)

第二节　服装设计师的综合能力

服装设计师应该具备综合的能力,在熟悉服装基本专业知识的前提下,从各方面增强锻炼、增强自己的能力(图4-6~图4-12)。一个优秀的服装设计师不是"纸上设计师",而是对服装的设计、生产、销售各个环节都了如指掌。

图4-6　设计师必须具备手绘功底

图4-7　发型设计也应该是服装设计的一部分

图4-8　设计师应该会操作各种缝纫机器

图 4-9　设计师必须掌握专业外语

图 4-11　设计师用各种工艺表现自己的创意

图 4-10　设计师用作品集成表达自己的思路

图 4-12　设计师应该熟练掌握的工具和装备等

（一）创意设计的制作流程和价格控制能力

大部分的服装设计专业毕业生都会到服装企业就业，在服装企业中，服装设计是服装工艺流程的一个部分，是一个龙头性、决定性的部分。

1. 熟悉合理的制作流程

服装企业的设计师们必须了解服装工艺的流程，熟悉作为工业产品的服装的加工原理和基本工序。只有切实地了解加工流程，才能保障设计的意图得以实施。服装工艺制作单在服装企业被广泛应用，各项工艺流程简单明了，能很好地提高效率。

2. 提高价格和工艺控制能力

设计师不仅要熟悉加工流程，而且还要在价格控制和面辅料的最大程度利用、工序的合理和工时的节约等方面下功夫。在服装生产线上，一件成品往往要经过数百道工序，设计师不一定每道工序都清楚，但服装产品的重要工序尤其是决定产品形态和质量的重要工序必须装在设计师的头脑里。在服装产品的设计过程中，往往不是设计师的意图决定加工流程，而是加工流程和价格控制决定着设计师的设计。

一个合格的设计师一定要把加工流程和价格控制也当成设计因素，能动地考虑进自己的设计当中去，只有这样，设计师的设计才可能成为企业的创价能量，企业才能够重视你的设计才能。所以，设计师和企业是一种双向的互动关系。

（二）市场观念与流行把握

1. 确立市场观念

只设计出自己的作品还不能称得上是服装设计师，服装设计师的概念从根本上来说是由市场和消费需求所规定的。判别一个服装设计师成功与否，也主要是依据其市场成功的概率。国际品牌服装的设计师往往对市场动向了若指掌，从而也成为市场趋向的引导者。因此，设计师的市场观念尤其重要。

一般刚从院校毕业的服装专业学生，会因注重自己的个性表现而忽略市场观念的建立。就业以后，严酷的市场现实会逐渐使年轻的设计师改变自己的观念，逐步建立市场观念，适应市场现实。这种转变往往很猛烈，也很痛苦。所以，在服装高等教育阶段，就应该使学生建立市场观念，以适应就业后的现实，使自己所学的专业能够有切实的用途。

2. 把握流行趋势

市场流通的服装，是按照流行的规则来运行的。服装是一个永远变化的产业，流行是一种永动的规则，所以把握流行的规则，保持时尚的感觉，是设计师成功的保障。在服装市场中，形态纷纭、千变万化，形成迅

图 4-13　服装橱窗展示

疾的流行,而流行的趋势又引导着个性的设计师们去捕捉某种共性。这看似悖论的景观,就是服装市场的现实,有待于年轻的服装设计师们去体验其中的奥秘,把握其中的真机。图 4-13 为服装橱窗展示,揭示流行趋势的窗口。

　　在流行大潮中的设计师,应该始终保持对流行的敏感和对时尚的激情,需要把握国际、国内市场动向、流行趋势、时尚的风潮和事件,掌握流行的动态和消费流行的变迁。你不去把握流行,就会被流行抛弃,服装设计业就是这样一个美丽而残酷的行业。

(三)原创能力及组合能力

1. 正确认识原创能力

每一个设计师都希望自己具有原创能力,但什么是原创能力?这是一个具有争议性,也具有规定性的概念。

在20世纪现代服装盛行的时代,出现了很多具有原创能力的大师,而在21世纪的今天,伴随着社会和文化的发展,服装艺术和潮流也进入了后现代生态,即一个多元文化共生的时代。今天的网络时代有着海量的资讯,任何形式的创造人们都已见惯不惊,似曾相识。所以,现代服装时代的原创概念在今天的后现代共生文化时代便受到质疑。事实上,今天的服装原创已经表现为对多元文化、多样资源的主体选择和观念组合。

2. 提升组合能力

对今天的服装设计师而言,没有什么具体形式是所谓独创,几乎所有的形式都被用过了。只有在资源选择、组合中呈现的新观念才值得称之为原创。所以,今天的服装设计师不应去苦思冥想原创的形式,而是要广泛吸收众多的资源,提升自己的认识深度、创意能力和审美趣味。设计如果能体现一种新锐的观念和独到的趣味,就具有了原创的意义。

(四)CAD操作及电脑辅助设计能力

CAD是服装设计和排版自动化系统,这个系统极大地推进了服装设计和产业的效率,而且是现代服装业的主要生产手段。

它可以帮助设计师解决人体建模、服装渲染、结构组合、图库资料以及自动排版、放码等问题。电脑辅助设计能够极大地提升设计师的设计速度和资源组合能力。每一个服装设计师都应该积极地掌握CAD操作和电脑辅助设计,以适应现代服装企业的生产方式。在创意设计中,尤其是在创意表达中,电脑可以增强表现能力,并启发设计师的创意智慧。

(五)专业外语能力

今天的中国已是全球第一服装生产大国、第一服装出口大国,已经成为世界的服装加工厂。中国的服装企业承接着大量的外贸订单,也进行着大量的贴牌和授权生产。在这些企业中,所有的图纸和工序说明都是外语,设计人员也需要经常与国外客户打交道,这都需要相应的外语能力。

随着国际服装时尚的传播,中国境内开展的国际性服装活动日益增多,服装文化交流日益频繁,国际服装传媒也逐渐登陆中国。今天的服装已是一个全球联通的产业,互联网上的服装信息也都是国际上通用的英语、意大利语和法语。因此,服装设计人员掌握普通外语和专业外语已是一种切实的需要。

1. 提高服装专业英语能力

由于中国服装院校普遍开设英语教学,英语的应用领域也最为广泛,因此,服装专业的学生除了本科和研究生的等级英语水平以外,还需要增强服装专业外语的学习。目前,有条件开设服装专业英语的院校很少,服装设计师们应该通过自修和培训增强专业外语水平,这对提高自己的专业能力、方便与国际同行和客户的交流有直接的帮助。

2. 提升服装专业法语能力

法国是服装设计大国,现代服装设计也以法国为发源中心。法国拥有世界先进的服装高等教育系统,也有着高级成衣的制作传统。巴黎目前仍然是全球时尚发布的中心,作为重要的时尚中心城市,由巴黎发出的时尚信息和服装文化仍然影响着全球的服装设计潮流趋势。因此,服装设计师,尤其是关注时尚前沿的服装设计师都应该尽可能地掌握相应的服装专业法语。

(六)语言表达及人际沟通能力

1. 提升语言表达及人际沟通能力

服装生产是一种集体作业,属于劳动密集型产业。服装业又是一种服务业,面对千千万万的消费者,是与人打交道的产业。

服装首先是关涉人的,为人而设计,所以设计师必须关心人、关心各类型的人,了解他们的生活方式、审美趣味、消费心理、穿衣习俗,关心他们在想什么,他们族群间的共同语言、共同爱好,了解他们的共性与个性,才能知道他们会接受什么样的服装。

品牌服装设计者,必须了解你的品牌拥趸者,需要跟他们打交道、交朋友,甚至成为他们中的一员。而设计个性成衣量身定做的设计者更需要了解你的客户,甚至与他们成为朋友,可以交流多方面话题,甚至一些私密性话题,这样你才可以充分了解你的客户的个性、言谈举止、风采韵致、人物性格,这样设计出来的个性服装才有生气、活力,才能与对象形合神同,近而提升对象的着衣品位、服饰风采。这些都需要设计师具备良好的语言表达能力和人际沟通能力。

2. 语言表达能力及人际沟通能力

拥有良好的语言表达能力及人际沟通能力,对于一个设计师来说应该是一个基本的能力。在与自己的客户进行很好的交流沟通的过程中,不仅能够了解他们的基本需求,而且可激发自己的创作灵感。

拥有超强的语言表达能力和人际沟通能力,能够激发设计师的创意思维和创新意识,才能成就一个优秀的服装设计师,一个能创造市场业绩或文化业绩的服装设计师,一个能成功运作服装品牌、服装企业的设计管理者。

图 5-1　舞蹈的肢体语言决定服装的形态

第五章　服装创意的表现

第一节　服装形态与创意设计

（一）了解服装形态的历史和常见表现手法

服装形态创意，首先必须要了解服装形态的历史以及常见的表现手法，熟悉前辈中优秀设计师的经典形态，了然于心。但面对新的创意需求，又必须从前辈的优秀模式中走出来，这就是所谓"师心不师迹"。

（二）不同形态的艺术都能给设计师以形态创意

许多消费者比设计师的思想更开放，观念更前卫，生活方式更潮流化。所以，这也给设计师提出了更高的挑战。对现代艺术的了解、对时尚资讯的把握，是提升设计师创意能力的保障。层出不穷的电影、戏剧、音乐、电视形象，无疑是设计师的直接资源。音乐剧艺术可以给新艺术的产生提供一个范例。音乐剧综合了歌剧、舞剧、现代音乐、行为艺术，甚至是寓言神话、商业演出模式，形成了一种全新的艺术。雕塑、装置艺术和行为艺术对人与环境、形体与空间做了无尽的探索，这些艺术在人与空间的关系上，可以给服装设计师以巨大的启示，使服装设计师的空间概念更加展开，使人的肢体行为更加丰富和多变。现代舞蹈的肢体运动也更加的抽象和纯粹，现代舞蹈的节奏和肢体语言都是服装设计师所应该仔细观察的。（图5-1）现代建筑艺术所呈现出来的日新月异的空间关系和空间创造，都对设计师的心灵和审美意识有直接的作用。服装设计师可以体会人在现代建筑的环境中，应该有什么形态的服装。

所有的艺术形态和空间样式都可以作为服装设计师的参照系。现代工业设计所具有的材料精确、标准化、互配性并具有数据的美感，数码艺术和各种造型渲染、建模的手段，都可以给服装设计师提供创意依据和手法借鉴。服装是一个从平面到立体、无所不包的艺术，对平面的敏锐和构成美感也是设计师的功夫所在。设计师可以从生活中那些无所不在的广告、包装、海报、书籍世界中去寻求有益的资源，从而丰富自己的创意。这些众多图式资源来自于各种艺术、文化、听觉、视觉，以及大千世界中的各种事物、现象。在各个国家、民族，不同的设计师所设计的服装都有不同的形态。服装形态的变化终要以人体为原则，服装的常规样态，无非包括头、面部、颈部、肩与胳膊、手、胸腹、腿和脚。

（三）如何实现形态创意

1. 大胆发挥想象并参阅各种资料

形态创意之初，无须考虑色彩、材料等细节因素，只需大胆地发挥自己的想象，创作出自己心中的形态。除了整体的形态意象，也可从某个局部进行形态创意，从头饰到鞋，每一个局部都可以做各种各样的尝试。在此期间可以参照各位服装设计大师的创意，也可参照其他的艺术形态，或是生活中的事物。在熟练地掌握服装规律的前提下，切记自己闭门造车是永远不会产生创意的，一定要多参阅各种资料。在此单项形态训练期间，设计师所见的任何物象都是服装的形态，所见的任何形态都应考虑，所有的创作草稿都应保存，所有的创作形态都应做笔录，记下这个物象背后的自然属性、功能属性、文化属性所传达出的心灵感受。每一个部位在形态上应尽量做到极致和夸张，这样有助于设计师思维的拓展。

图 5-2　北极熊造型设计草图

2. 要熟悉人体工程学

形态创意还要求设计师必须要熟悉人体各部分的穿衣规律，以保障服装形态对人体的适合性。再就是设计师对自己感兴趣的并想以其作为创意形态依据或特征的事物进行详尽的研究分析。其目的是将外界事物形态用之于身体的各个部位，将某一具体的事物通过形态的变化用于身体的各个部位上，以形成服装形态。

大自然中的一草一木、一山一水、飞鸟鱼虫等等，都可以给服装设计师以无限的灵感，成为设计师设计的素材和元素，让服装的形态更加丰富多元、创意无限。但是，归根结底，服装最终的关怀还是人，服装还是要穿在人的身上，所以服装设计师在展开形态创意的时候，还要熟悉人体工程学。

案例分析：海洋生物主题服装

海洋生物的保护越来越受到人们的关注，这也引起了服装设计师的关注。设计师梁明玉在进行海洋生物主题的服装创意设计时，主要从服装的形态入手，进行创意设计。从海洋生物的形态中吸取形态的创意，将之与服装设计进行巧妙的融合。设计师将北极熊的外形和体态进行了巧妙的转化，使得服装设计中具有了这种蓬松、憨厚而又不失趣味的神韵（图5-2）；将海洋中的龙虾进行外

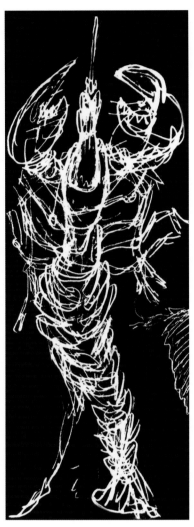

图 5-3　龙虾造型设计草图

形的提取,使得服装设计中具有了如龙虾一般的钳子,并把龙虾的尾巴巧妙地设计成裙摆(图 5-3);还有对其他生物如螃蟹(图 5-4)、企鹅(图 5-5)等做了变形设计,既与主题完美契合,也使服装增添了不少情趣。

第二节　服装面料与创意设计

画家用画布和宣纸,雕塑家用塑泥和青铜制作艺术,服装设计师的表现材质则是柔软的面料。设计师应该了解面料、熟悉面料,了解面料的特性以及塑造的力量所在、柔性的美感所在,了解如何用柔性的材料塑造刚性的效果。

设计师对面料的熟悉,不是从书本上得来的,而是在令人眼花缭乱的市场和浩如烟海的面料样板中获取的。设计师对面料质感的灵感来自于与这

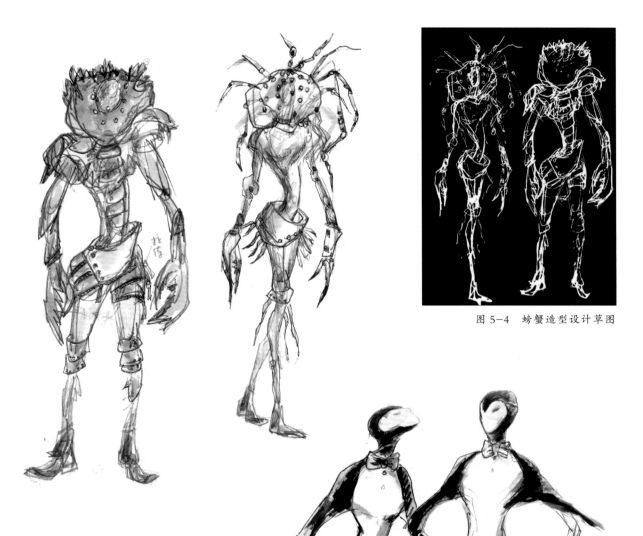

图 5-4　螃蟹造型设计草图

些面料相通的天地万物，坚硬的、柔滑的、生涩的、粗犷的、男性的、女性的、华贵的、平实的、收敛的、反射的、厚实的、单薄的、平面的、立体的、经纬的、疏密的、弹性伸缩、图案工艺，无不了然于心，闭上眼睛，仅用手触，就深知其性、其品位价格，清清楚楚。这种把握必须注入高度的情感，面料是最直观的刺激，往往是设计师灵感生发的设计源。一个训练有素的设计师能够从千差万别、姹紫嫣红的面料堆里一眼挑出自己钟情所属，也能够从一种面料中看到它形成成衣的效果。

图 5-5　企鹅造型设计草图

（一）对面料质感的把握

1. 面料的基本分类

对面料质感的把握可以从以下几个方面来认识：纺织面料大致有棉纺、毛纺、丝织、麻纺、合成纤维、混合纤维等等；按制造方法分为梭织、针织。每一种面料都有它独特的质感，这种质感有很精微的层次，比如毛纺又分为粗纺和精纺，粗纺里又有形态的粗放和触感的细腻，精纺可以达到细如棉纤。梭织的棉布按经纬的疏密又分低支和高支，低支轻柔通透，高支硬朗柔滑。麻纺和丝织都各具风格，麻纺有圆实和厚重的触感，重磅的丝绸悬垂光洁，还有薄如蝉翼的绡、飘逸华贵的绸、神秘朦胧的纱。合成纤维更是依靠高科技，不断创新高仿真、鬼斧神工、真伪莫辨、胜出一筹，抑或塑造科技和人工感、冷艳魔幻、无奇不有。面料的世界博大精深，今天的高科技纺织技术可以将多层肌理、多种效果织为一体，也可以将各种材料交叉混合，变幻莫测。设计师还可以按照自己的创意去设计面料以达到自己的意图。数码技术的应用更使面料工业争奇斗艳、流光溢彩。海量的面料资源，任凭设计师巡弋驰骋。美感由发现而诞生，创意由异想而成真。对面料世界和面料质感的熟悉和把握是设计师的成功秘诀和胜利法宝。

2. 如何甄别选择面料

面料世界缤纷灿烂，设计师如何进行甄别选择，用其创造绚丽多姿的服装呢？答案仍然在于其内在训练有素的涵养和目光。首先，是熟悉面料的纤维类属和特性、基本的织造工艺和染整工艺。面料的手感、光感、厚薄，可以很快掌握，但面料的属性却是要在实践中去体验的。秋冬季的面料，尤其需要保暖性质，产生了皮、裘、棉、粗纺呢、粗毛线；春秋季则有精纺呢、羊绒、精致层皮、粗支棉、高支棉、醋酸纤维、化纤及棉混纺；夏季包括细纱针织、卡其布、丝、绢、纱、混纺丝、涤纶纤维。这些基本类型的面料千变万化，因其加工的精度而千差万别。设计师辨别这些材料，就像油画家辨别色彩的灰调层次一样，是要用心灵去辨别的，尤其是面料的色彩，有时候是多一分则太过，少一分则不足。

（二）对面料的创意改造

1. 学会改变面料的属性

为了达到各种创意的效果，设计师必须要学会改变面料的属性，从而使本来平淡的面料平添迥异的效果，使平面的面料凸显立体的效果。设计师还可以使用多种面料的组合、重叠，形成丰富的层次，化平淡为神奇，出新意于法度之中。（图5-6）

2. 各种面料的不同处理产生不同的服装款式

在设计师的创意设计中，各种面料属性可以根据设计师的想象设计出与其属性相符的服装款式。有的面料必须保持整洁，尽量少用装饰，以突出面料的纯质美感。而有的面料必须使用各种手段，形成特殊的服装效果。各种面料在变成成衣的过程中，经由设计师魔术师般的手，曲尽了节奏旋律，旖旎委婉的变奏，演奏出柔软的辉煌、视觉的诗篇。

3. 面料的各种设计和处理方法

对面料的认识和使用不仅要在成衣之前，而且要贯穿在整个设计中。设计师一般采用调整、深化处理或者采用同类置换或彻底否定等方法。调整深化处理是指在成衣过程中，认为应该将面料做深度的处理，比如将面料做水洗、压烫或制造肌理；同类置换是指保持面料的质感改换其色彩，或者保持面料的色彩改换其质感；彻底否定是否定原面料替换新面料。

图 5-6 梁明玉早期关于藏服的作品

065

服装设计师对面料的知识不仅来自于材料性的教科书,更为重要的是在实践中培养自己对纤维物质性状的感触能力,对自然色彩和面料色彩的情感倾注和细微观察。

(三)服装材料创意观

1. 反材料观

在服装设计的创意设计中,还应该具备一种"反材料"的观念。这是指对材料的反思和否定,也是对惯用材料的超越。所谓对材料的反思和否定,是对材料的质量、数量、特性和质感等进行反向的思维,以通过对惯用材料和用材习惯的否定和突破,寻求新的创意路径 。举例来说,基于对堆砌材料的设计形态的反省,设计师创立了极简主义的创作方向或路径;对豪华昂贵材料的反省,则产生了质朴和节约的设计路线;对色彩绚丽、表情丰富的材料的反省产生了朴素和空灵的设计形态。

所谓对惯用材料的超越,是设计者对服装常用材料的否定。根据创意的需要,设计师可以选择非服装的材料来达到效果。这些材料的使用可能与服装本身无关,但是与服装创意的观念有关。比如,用服装表现环保观念,这就使服装材料有了无限的广阔空间,设计师们可以在自然和生存环境中去选择各种材料来表达自己的意图,甚至是工业生产和生活消费的废弃材料,通过这些材料的再生利用,创造出全新的服装形态。

设计师的创意灵感与服装面料的高科技创新是分不开的,新材料的应用往往是提高服装销量的重要因素。设计师应该密切关注高科技面料的信息,这是制造服装时尚的一个关键。同时,设计师也要注意对传统材料的挖掘和重新审视,用时代的消费观念和生态保护的观念,"以旧瓶装新酒"的方法去发现传统材料的魅力。

2. 非纺织材料的应用

1918 年后现代主义之父马塞尔·杜尚在科隆展出了他的作品,他将在街头随手买来的小便器签上了名字之后放到了展览馆里,这开创了人类用现成品来做艺术的先河。自此之后的 20 世纪五六十年代,随着波普艺术的产生,艺术与生活拉得更近。在今天,几乎任何的材料都可以用于艺术的创作,任何东西也都有可能成为一件艺术品,作为造型艺术的服装也同样如此。在时装界冲击人眼球的,给人带来视觉震撼的,不是那些传统服装面料,而是许多新奇的材料,比如动物的羽毛、鲜花、金属、食物、纸等。例如,在美国丹佛举办的一年一度的纸制时装秀(图 5-7),无论是酷爱设计的业余爱好者,还是颇具名气的时装设计师都可以参加。比赛的规则很简单,就是参赛者只能用各种纸张(如硬纸、软纸、彩色纸)做出一套套可穿戴的精美时装,然后由职业模特或非专业模特进行展示。当然,设计者也可以亲自示范展示。在这场比赛中,设计者用纸作为服装的设计材料,突破了传统的服装面料界限,彰显了服装设计的无限创意。

图 5-7　美国丹佛举办的一年
一度的纸制时装秀

3. 服装材料与情感传递

服装设计是一个特别倚重材料的行业,材料是决定服装形态的最基础和最重要的因素,服装材料学的知识是设计师的必修课。人类的服装材料伴随着社会的发展不断地更新和进步,同时也积淀着永恒和可持续的要素,如材料的生态、环保和文化的原生态。传统的服装材料有人工种植的植物如棉、麻,有狩猎收获的兽皮、人工饲养的家蚕,现代化工业产生了合成纤维。合成纤维满足了市场消费的需求量,克服了棉、麻、丝等材料供应的不足,并通过现代科技解决了传统材料所不具备的抗皱、防腐、耐寒、耐温以及手感、质感等触觉的舒适效果和视觉的美观效果。但合成纤维面料在生产过程中,对环境和生态造成了相当的污染;在人体健康绝对值上,也与传统面料存在着差距。服装设计师应该客观地看待和应用传统面料和现代科技生产的合成面料,应该熟悉各类面料的独特属性,将其运用在不同的设计诉求中去。

4. 环保观念与材料选择

作为美好生活的设计制造者,设计师给人类创造美好,就要从灵魂中注入保护环境这个根本意识。服装业关涉人类生活各方面,在服装材料学方面,应尽可能采用天然材料。(图5-8)

在材料工程学方面,了解并采用生物科技成果,如天然彩色棉,可以避免棉纺后期整染工序对环境的污染;提倡开发采用传统的手工纺织面料、天然植物染料、手工针织、手工刺绣,以及天然材料纽扣配饰;通过家蚕基因工程获取免染丝绸,以及准确鉴别、正确使用合成材料中少放射物质、少甲醛含量、少其他有害物质的面辅料。

在服装功能上,可以了解采用耐晒、抗辐射、通气性能良好的材料,并考虑人与自然的和谐关系,熟悉人体工程,结构巧妙,行为方便;尽量免洗、少洗、免烫,以减少排污排碳。

在服装美学上,提倡研究、继承各民族传统服装风格款式,呼吁保持与本土民族生存环境、心灵方式、精神文化、生活民俗和语言行为相符的服装形态。这些都是服装设计人员贯彻环境保护、生态保护宗旨的重要因素和根本立场。

节约能源也应该成为设计师的设计意识。对面料剪裁的节约、对工序程序的合理安排、对耗能耗材的计算、对服装相关的资源节约都是现代服装设计师的必备素质,有些设计师能够巧妙地利用废弃材料设计出优秀的作品。

案例分析:环保设计系列

保护环境与低碳减排是今日人类生存的主题,服装设计也不例外。纺织服装是人类的大宗产业,全球生产极度过剩。而中国是纺织服装生产第一大国,面料和服装大量积压,为了GDP和就业,每年仍要海量生产。面料在生产过程中经酸洗处理后,一方面会造成产能过剩;另一方面会破坏生态、污染环境。面对这样的状态,设计师应努力用自己的设计创意,为低碳生活与环境保护做出贡献。

设计师梁明玉将库房中的大量面料进行重新审视,充分利用每种面料的独特性,设计出这一系列低碳概念的创意服装。不同的面料产生不同的服装形态,为了将其统一在一个服装系列中,设计师用彩虹色彩来处理,按赤橙黄绿青蓝紫的颜色依次展现,这样就产生了既统一又丰富多彩的视觉效果。经过这样的利用,使得库存材料变成了时尚先锋的创意。(图5-9)

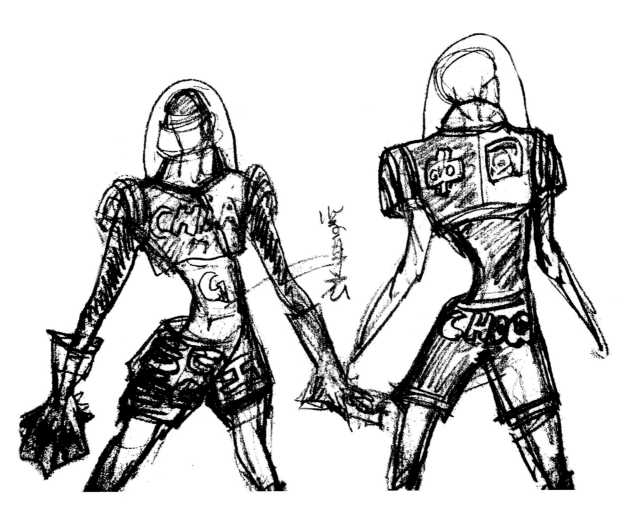

图 5-8　太空服设计的面料研究草图

图 5-9 环保设计系列服装展示

(四)充分利用材料创意

材料的创意训练,首先是对各个面料,或是其他特殊材料属性的把握,以及对心理特质的把握。在此阶段,大可不必将许多的面料单独拿出来做成服装,可通过去面料市场或材料市场、服装厂等地方实地考察进行了解。对于面料而言,触觉非常重要,没有触觉的经验,单纯的视觉或是靠书本上的介绍是不可靠的。

在充分了解各类材料的属性之后,可以尝试将这些面料套在自己之前所尝试画过的形态草稿上,可以是局部的,也可以是整体的,以感受分析面料和形态结合所产生的效果。在单纯的材料套用之后,便可尝试两种或者三种以上的物料。在进行多种材料的组合训练时,同样要将其视觉呈现的心得写出来。在此期间,没有灵感的时候,一定要大量翻阅优秀大师的作品,了解他们是如何运用材料的。在多种材料组合训练的开始阶段,学生可以选择自己最感兴趣的材料,在这个材料基础上展开,用尽可能多的其他材料与其搭配,探索各种搭配的可能性。

第三节　创意设计与工艺程序

(一)工艺是设计的要素

为什么说工艺是设计的要素？因为工艺本身就是服装的本质属性。工艺在艺术和文化创造上，在人类制造文明上发挥着至关重要的作用。人们经常谈论文化创造，到底什么是文化创造呢？世界上关于文化的界说和概念成千上万、千差万别，但有一点是共同的，即文化是人的创造，而不是自然属性。器物的制作和艺术的创作是文化创造的主要形式，而器物制作和艺术创作的根本性质和基本手段就是手工劳动和制作工艺。手工劳动和制作工艺书写了人类的器物制造史和艺术史。精湛的工艺体现了人工和机械运用所能达到的奇妙境界。工艺性超越物质材料和劳动手段获取了特殊的精神意义和审美价值。服装设计师通过精湛的工艺达到其创意的目的和工艺过程的愉悦，精湛的工艺体现的是一种器物制作的文化积淀。

在服装的创意设计中，工艺往往化腐朽为神奇，比如，一段平常的面料索然无味，不会引起设计师的注意，一旦通过某种工艺改变了这段面料的观感，便会生出蓬勃的生机；一件其貌不扬的、朴素简单的服装，通常不引人注意，但如果有着精巧的工艺和超凡的制作，便立刻会受到欣赏者的垂青；两件一模一样的服装，其中一件有着手工工艺的明显特征，其价值马上就会超越另外一件；一个知名品牌的服装跟一个普通品牌的服装有时候看起来是一模一样，但是消费者会毫不犹豫掏大价钱去买名牌服装，两者的工艺水平显然有着明显的差别。

设计师应该把工艺程序作为一种设计要素事先考虑进去，考虑用什么样的工艺手段可以达到预期的效果。工艺也包括机械工艺和手工工艺，相互不能取代。机械的工艺有着它一丝不苟、整齐划一的审美特征，而手工工艺有着它厚朴深拙和贴近的趣味。机械工艺的效果手工达不到，手工工艺(图5-10)的效果机械达不到，机械工艺给人标准规范的美感，手工工艺则给人以天趣自由的美感，所以说各有千秋。设计师应该熟悉把握机械工艺和手工工艺的异同，将其作为一种能动的手段放到自己的设计中去。

图5-10　传统的手工织布技术

(二)工艺保障服装创意设计的实现

1. 制版

在现代服装业中,虽然制版是由专业人员完成的,但设计师必须熟悉制版的过程、技术环节和效果,必须懂得从服装设计效果图转换到版样的过程和关系,并清楚制版师、制版人员是否达到了自己的设计效果,而且能在制版过程中,对制版工艺进行修正和指导,使其达到设计效果。此外,制版人员在制版过程中的解决方案和"错误"能够提示设计师完善设计思路和解决方案。所以,熟悉制版(不论是手工制版还是电脑制版)是设计师的分内之事和应有的素质。

2. 平面裁剪

平面裁剪(图5-11)是常规的裁剪方式。因为服装的设计制作是有规律的,所以服装的造型规格、型号等都有固定的模式。平面裁剪能够解决常规服装的预期缝合、成型要求,并具有单件裁剪的方便和批量生产的效率保障。

3. 立体裁剪

立体裁剪(图5-12)是为了使成衣更具人性化和更具有贴身的穿着效果和舒适度,而在人模上进行形体拟真和裁片调试的裁剪方式。在现代服装设计中,有时也采用高科技的人体坐标尺,以测定人体三维坐标点,用电脑建模方式来进行立体裁剪。这种方式能够保障个体差异性,但由于成本昂贵,而很少采用。

4. 服装结构

服装的空间结构是应该存放在设计师的头脑里的,设计师在进行平面的设计图式、测量人体尺寸的时候,就应该形成服装的空间结构。设计师应始终保持立体和空间的意识,随时想到服装成型之后穿在人身上的效果,而避免被平面的程序消解立体感和空间结构。

图5-11 平面裁剪

图5-12 设计师正在做立体裁剪

图 6-1 梁明玉设计的少数民族服装

图 6-2　梁明玉设计的藏族服装

第六章　民族服装的生态保护和现代化创意

对于民族服装、服饰，尤其是多民族地区的服装认识，应该从生态保护和时尚创意这两个方面来定位思考。生态保护是为了保持特定民族的文化价值和民族地位，因而这种保护越保持原生态越有意义；时尚创意则是从特定民族服饰中撷取元素资源，以流行文化、时尚创意为主导，创造出符合时代审美旨趣的新型民族服饰。前者是民族服饰的内涵，后者是民族服饰的外延。

第一节　民族服装原生态的保护

1. 民族服装的价值

每个民族的服装都是其民族文化、民族特征的最直接表达，也是民族价值、民族地位、民族形象的直接表达。服装可以说是穿在人身上的活的"民族博物馆"。由于文化的统一性和中国现代史的革命性、实用性所致，汉族民众穿着基本消失了民族特性。尊重、研究、保护民族服饰（图 6-1、图 6-2），就是尊重和保护民族文化的具体方式，是使民族文化传承的可行方式。

在经济发展和社会发展进程中,人们的服装服饰往往受商业潮流的推动与制约,少数民族地区也不能避免。随着信息化、国际化进程加快,许多民族地区的年轻人服装已经全盘潮流化。在这种国际化潮流中,更应该保护、研究民族服装的原生态,以保持民族自身的文化价值和民族地位。(图6-3)

2. 如何保护民族服装的原生态

每一个民族的服装服饰都受到地域、气候、生活方式、生产方式、宗教信仰、礼教伦理的影响。在民族共生的地区如云南怒江,各民族之间服饰有许多共同特征。这是由于民族间文化传播交流和共同的生活条件的影响。各民族之间也有着差异性,正是这些差异性特征,构成各民族既定的风格特色。

在认识民族服饰中,设计师梁明玉体会到,差异性因素越大,原生态特征越强,传统意味就越浓厚。(图6-4、图6-5)人类对传统的承续,是靠对传统习俗的教习、遵守;对服装的继承,是靠遵守前人的规范和经验,代代相传,生生不息。如果没有外来因素的干扰,在相对封闭的条件下,传统服装样式、制作工艺、体制规范会原封原样传承下来。

梁明玉团队曾经在黔东南苗族侗族自治州黄平县僮族村寨考察一个月,僮族与苗族生活在相同的地区与环境中,语言相通,但服装却保持了一些独特的样式,僮族人很注重服装与其他民族的差异性。小女孩从能捏住绣花针开始就在大人的指导下绣自己的嫁妆。一件嫁衣要绣许多年才能完成,所有的图案和工艺都是祖祖辈辈传下来的,这就是传统的力量。

图 6-3　梁明玉设计的土家族现代服装作品

图 6-4　梁明玉所绘传统服饰的草图(1)

图6-5　梁明玉所绘传统服饰的草图(2)

每一个民族的服装、服饰都蕴含着丰富的历史人文积淀。正是民族之间的差异性，丰富了一个区域、一个国家的文化传统和景观。保护各民族原生态服饰就跟保护自然生态环境一样重要。保持民族服装的原生态，就是保持其独立性、差异性，否则就会使民族原生态消解在外来文化和时尚潮流之中。我们今天强调保护民族服装原生态，就是尊重、保持民族的文化传统价值和尊严。这种保护，我们认为越纯粹越好，尽量不用时代和外来文化的因素去干扰民族既定的原生态。

保护民族服饰文化生态，应该通过保持家庭、部族的习俗传承，提倡保持本民族的礼仪传统、生活方式、语言环境和文化环境，使年轻人认识到自己民族服装独特的文化价值和审美趣味。同时，政府应注重加强对民族服装这一活的"博物馆"的保护措施，用政策和资金支持民族传统的面辅料和服装的生产方式、制作方式以及交易市场。此外，在文化教育以及生活习俗上，各民族来保留自身传统信仰，使之成为生活的重要内容而非旅游业带来的商品符号。

第二节　民族服装的资源选择

1. 抓住民族服装的要素

全球性文化共生景观，实际上就是以消费为核心的文化资源选择。我们的服装教育和服装观念，都是立足于全球性的消费文化。民族服装要有长久的、与时俱进的生命力，也必须转化到当下的文化处境中来。

图 6-6　傩戏服装设计图

图 6-7　傩戏服装成品

所以，民族服装大赛的创意设计和评判标准都应以现代服装观念来对民族服装资源进行选择创造。我们在选择民族服装资源时，要抓住民族服装的要素和独特性、差异性，抓住最能表现这个民族生命本质和形象特征的东西。设计师梁明玉根据巴渝地区少数民族服装特点，为《巴歌渝舞》设计服装，把土家族的傩戏以及传统民族服装经过再造设计出新的生命力。（图6-6~图6-8）

图6-8 《巴歌渝舞》舞台表演实景

2. 民族服饰的多元化创意设计

以上各民族的服装特点，实际上是靠设计师自己的眼光去观察，去捕捉，去选择。每位设计师的造型素养、审美眼光不同，选择也就不同。所以，民族服饰创意创新是多元化的创造，跟原生态相去甚远。选择资源必须由设计师处理，这些资源可能是服装结构，可能是装饰风格，可能是色彩关系，也可能是局部工艺，就看你选择什么，以符合你的主题创意。在创意主体的指挥下，这些资源可以拼贴、复制、转移、重组、变异，并会产生丰富的效果。

这种创意效果，往往不能以像不像原生态来判定，而是在原生态资源选择上的全新创造。由于出自原生态，看上去会有原生态意味，但又有多样化的现代语言，这种意味寓意丰富，有强大的生命力。这种创新就是以当代人的感受去表现历史和传统，用历史和传统来扎稳我们当下的根基。

第三节 民族服装的现代化创意

在保护民族服饰原生态的同时，不可避免要受到当代文化潮流的影响，这是不以人的意志为转移的。如何做到既要保护原生态，又要与时俱进地发展民族文化使其进入现代社会空间呢？设计师认为，这需要把保护原生态和服装的现代化创新分别开，才能处理好保护和发展的关系。

1. 保护民族服装原生态是前提和基础

保护生态应尽量避免当代文化潮流因素去干扰原生态，使其在相对自治自为的环境中保持相对独立的生活方式、文化价值和艺术形态，形成其自身的文化主体。

2. 民族服装的现代化创意设计

民族服装的创意设计，譬如服装设计大赛，则应将其看作流行时尚、消费文化的一种积极方式。这种创意设计可以促进人们对民族文化的认知，增加整个民族地区文化生态的活力，使民族地区的服饰文化更富于现代性，同时可以促进旅游经济的发展。我们今天所有的发展意愿和创意设计都是以当代的文化标准和发展指标去衡量、去定位的，这与保护原生态并不矛盾。保护原生态是确立独特的文化本位价值，而创意设计文化发展是民族文化共时性的发展生态。（图6-9）

图6-9 梁明玉的现代土家族服装设计手稿

民族服装的创意设计是以时尚潮流、流行文化为根据的，它本身就是当代流行文化的一部分。明确了这个原则性前提，我们的创意设计定位就明确了，不是为了确立原生态，而是以原生态服装为灵感，创造出具有鲜明民族特征的现代服装时尚。明确了这个定位，那我们就可以自由地创造，撷取原生态服装的要素，以当下的时代眼光去审视、去选择，从而创造出与时代潮流共生的民族服装形态。（图6-10~图6-13）。

图6-10　现代土家族新娘装的设计图

图6-11　现代土家族新娘装的成衣展示

图 6-12　土家族服饰的设计草图

图 6-13　梁明玉设计的
土家族时尚创意服装

案例分析：土家族公务员服装

    石柱县是土家族自治县，几乎全是土家族人。石柱物产丰富，风光秀丽，是个资源县和旅游县。县政府高度重视公务员形象，与西南大学校地合作，立项开展土家族民族地区公务员服饰的创意研究。科研组全面调查了该县土家族传统服饰纹样风俗，结合政府各部门工作人员的行为规范和工作性质，保持了土家服饰的传统特色和符号，以现代职业装为载体，取得了民族特色、民族传统和现代服装的和谐，并形成了土家族自治县公务员服装的特色。作者将土家族首饰、织锦和民族服装与公务员的现代职业服装相结合，实现了民族服装的现代创意转型。（图 6-14）

图 6-14　土家族自治县政府公务员服装设计稿

第四节 民族服装的创意智慧和设计语境

1. 民族服装的表现语言

在原生态民族服饰中,服装的表现语言有自身的规律,有自己的色彩心理、装饰观念、仿生意识、神灵观念、财富观念、表现心理,由此形成独特的语境。比如,怒族的盛装是全身满绣,夸张极致,设计师就要做减法,把元素提炼归纳,根据现代服装构成意识,用素底去衬托局部的绣花,民族服饰尤其是云南民族服饰整体特征是装饰性强,通常这种装饰特别繁复,尤需按现代设计的视觉法则对其进行结构、图案、色彩元素的梳理和重组排序。

关于民族服装的表现语言,归纳起来,有如下四个方面:

①观念性语言:原生态民族服装语言都是有观念性的,或者是自然崇拜、生命繁衍,或者是财富表现、伦理秩序……这些观念决定了民族服装的特殊语言,我们今天的设计对这种观念性的选择,是立足于现代人的观念去选择、提取和反思,将这种观念并入现代人观念,这样就决定了服装设计的创意灵魂。

②结构性语言:在千百年的历史中,民族服装的结构性语言,固化了基本结构。在设计创意中,设计师是按国际流行趋势和现代人穿衣的结构特征去与民族服装的固化结构冲撞、融合。在创意中,有意识打破固化结构,把结构当成语言来抒情、表现,而不要被结构固化了创意思想。

③装饰性语言:这是民族服装最大的特征和生命力。把这些装饰意趣充分调集起来,运用到设计创意中,是一种容易产生视觉效果的方法。

④差异性语言:即各民族之间的差异性,在设计中强调这种差异性,在差异性中找出某个民族最具独特性的因素,就能使设计作品最具个性。比如,最突出怒江州傈僳族形象的是巨大的头巾造型,经过专业设计师的再创造,将头巾要素放大体量,有强烈的视觉效应,创造性地突出表现了傈僳族的形象。

2. 民族服装的表现语境

这是创意设计要达到的境界,有独特的美学境界、时空境界,或者虚幻的境界。总之,设计师的设计创意首先要给人一种独特的语境,才能给人以民族的美感和时尚的快意。

服装的语境是通过语言形式达到特定民族的文化气氛和某种叙事场景的。由于地域、气候和民族文化的差异,民族服装会给设计师提供众多的文化景观审美叙事,设计师则根据自己的感受去捕捉和表现艺术语言所要表达的境界。比如,用五彩缤纷的轻薄面料和太阳伞去表现亚热带的风情。而大凉山的村民,披着羊毛毡披肩或裹着查尔瓦,打着黄色的大伞,设计师可以从这些服饰、符号上着手,去表达那种雄浑而苍凉的生命环境和视觉气氛。设计师叙事的语境和造型叙事的语境是充分自由的,往往要超越具体民族服装的规定性,抓住特征和符号,海阔天空、自由想象,有时候捕捉住其独特的服装款式而发挥,有时依据其独特的色彩而发挥。在基本款式上,用结构和色彩追求变化,比如,生活中的土家族服装一般是蓝色和灰色居多,也点缀少量鲜艳的颜色,但设计师在表现的时候,却可以放大那些装饰性的颜色,而将其变作服装的主体颜色。这样的创意既保持了民族服装的基本现状,又张扬了它的生命活力,没有人会去追究设计师的创意是不是原生态。

3. 民族服装的表现语法

表现语法是指不同手段和特别话语，分别有取舍、缩放、排序、虚实、繁简、强弱等。取舍是对原生态服装的按需选择；缩放是把有效的资源在视觉上做调整；排序是把选择的资源按现代视觉心理重组；虚实是广泛运用在面料、图案、裁剪比例上的有效方法；繁简、强弱的语法更涉及自己的艺术感觉和判断，其程度是靠设计师自己的艺术修养和造型能力、审美趣味去把握的。民族服装的视觉资源是非常丰富的，民族服装的审美心性也是非常自由的。其丰富的资源甚至要大于设计师的创意主体。设计师如果没有对民族服装的深厚情感和认识，那表现还不如民族服装的原生态。所以，设计师应该在民族服装的巨大宝库中寻求资源，拓宽自己的创意视野，用自己的专业修炼和现代意识去选择民族服饰、表现民族服饰。在这个过程中，也会不断地生发出与众不同的表现语法。

案例分析：奥运会闭幕式民族服装

奥运会闭幕式按照总导演的创意民族服装要求，既要保持民族特色，但又不能照搬原生态，一定要体现灿烂辉煌的、璀璨浪漫的艺术视觉冲击力。设计师们理解了意图后，

反复推敲，最终彝族民族服饰获得了强烈的视觉冲击力。下列所示的彝族服饰示意图(图6-15)具有彝族最明显的特征——头上扎着"英雄结"，设计师把彝族的查尔瓦简约化，增强了服装的活力。因为苗族的演员众多，导演和设计师都希望用苗族的银饰来堆砌形成巨大的视觉震撼(图6-16)，于是把本来很局部的银饰夸张到全身，这样既突出了苗族服饰的特点，又达到了震撼的效果。

图 6-15 彝族服饰示意图

图 6-16　第 29 届北京奥运会闭幕式民族服装

第七章 多元化的服装
设计创意

第一节 演艺服装的创意与表现

(一)演艺服装具有广阔的创意空间

人类的演艺服装有着悠久的历史,在古代的祭祀服装中就有了演艺服装的成分。希腊时代戏剧发达,而我国商周时代,则有了辉煌的演艺文明。舞台上的艺术总是要高于生活的,人们把生活中不能表现的形象在舞台上趋近自己的想象来表现。舞台是虚拟的,观众对虚拟的世界能够宽容理解,所以明知舞台上的东西不是真的,也信以为真。因此,在生活中,那些穿不出来的服装在舞台上却会产生奇异的效果。人们由于要在舞台上达到心中的境界和现实生活中不能呈现的意境,因此总是千方百计地要把舞台上的形象做得很漂亮,甚至很夸张,这就给服装设计师的艺术创意留下了广阔的空间。(图7-1)

图 7-1 梁明玉设计的舞台服装

图7-2　梁明玉手绘传统戏剧服装纹样

（二）演艺服装的特征

1. 演艺服装有自身的业态规范和特色的设计语言

演艺服装与市场消费的服装有着几乎不同的审美依据和形态规矩，因而演艺服装的设计创意有着它自身的业态规范和特殊的设计语言。由于演艺服装的独特规定性,演艺服装的设计师都是依据不同的演艺形态把握特殊规律的专业人员。

2. 表演艺术种类划分

演艺的概念就是表演艺术,人类的表演艺术大致可以分为舞台类、电影类、电视类、综合类。

①舞台类的演艺有话剧、传统戏剧、舞剧、歌剧、杂技、舞蹈、音乐剧等,这些表演形式依据自身的艺术规律和表现语言对服装有着各自不同的要求。（图7-2、图7-3）

②电影类又依据电影表现故事和年代的差异要求服装体现不同的国度、民族和时代形态。

③电视类的表演形式有综艺晚会、大歌舞、小品等形式。

④综合类的表演通常有广场艺术、景观表演艺术,如大型体育赛事的开幕式、旅游景点的人文景观演出以及各类的群众演艺活动、赛事等等。

图 7-3 梁明玉设计的傩舞表演服装

图7-4 古希腊戏剧、歌剧服饰

所有演出艺术都有自己的叙事要求、表现目的、服装规律以及服装创意的空间和诉求，所以演艺服装的创意设计有着广阔的设计天地，可以让设计师们自由驰骋，发挥浪漫的想象和新奇的创意。

3. 演艺服装的设计要领

演艺服装的设计定位就是要服从剧本的整体目的和导演的表现意图。通常是从两个方面把握：第一，要以服装的创新和风格、境界的制造去达到或者吻合导演的需求，使之保障整个剧目的完整性；第二，服装设计必须符合演员的肢体运动特征和舞台行为规范，并从服装与演员的适配性方面以及服装与演出程序的技术性环节保证演艺项目的运行和安全。

4. 服装创意与演艺形态

①话剧

话剧的特点

话剧是人类最早的舞台表演形式，古希腊戏剧就是以话剧为主体。（图7-4）话剧的主要表现工具就是语言，所有的肢体行为和舞台表现因素都要服从于这个核心要素。由于话剧的这个特点，它的舞台空间一般比较集中，场次的设置和转换也都很紧凑，舞美和服装需要相对语言的张力而形成共振。知道了这种美学话剧的艺术特征，服装设计就应该依循这种规律去创意。在传统的话剧中，服装设计一般不做豪华的铺张和过分的表现，以简约的表现形式来烘托语言的主体。

实验话剧的语言具有多样性和多义性

　　今天的现代实验话剧已经打破了传统的话剧形式,随着话剧精神的复杂多变,话剧语言也呈现多样性和多义性。(图7-5)语言表达的形式也从传统话剧的主角独白和角色的语言对应发展到无主角和不相关的语言逻辑关系。语言的形式也从独白叙事和对话效应发展到诗歌白话、乡谚俚语、群言和声和吟唱呎喝,无所不有。语言也与传统的话剧拉开了距离,由写实的叙事转向象征性和虚拟指义。话剧的空间形式也发生了巨变,声光电气,台上台下无奇不有。相对于这些变化,话剧的服装自然也有了更丰富的创意空间。现代话剧的服装创意生发于剧本的原创精神和导演的意图,采用抽象的写意和象征的语言,也可以采用超现实主义和超级写实主义的手段来表现。总之,服装要成为一个积极创作的要素。

图7-5　梁明玉为实验话剧《八大山人》设计的服装

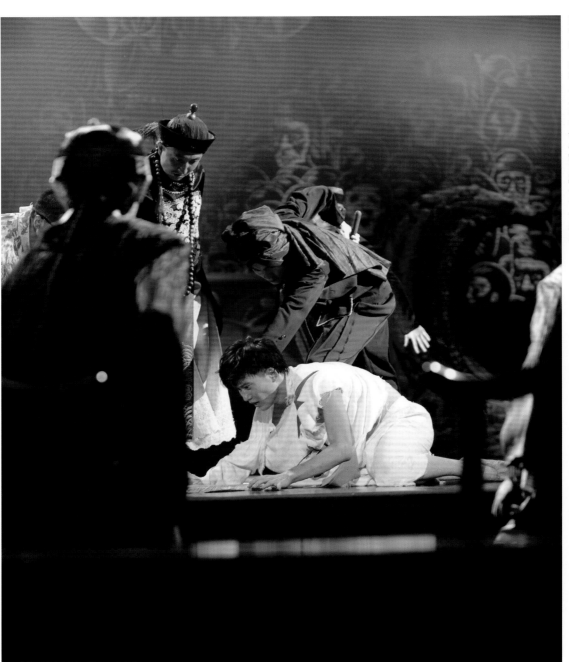

图7-6 梁明玉为大型歌剧《邹容》设计的服装

②歌剧

歌剧艺术特征

　　歌剧作为一种传统的经典艺术融合了声乐艺术和戏剧艺术的精华，它的艺术特征紧紧围绕着主角的声乐技艺精华，用剧情、歌队合唱和相应的表演元素来烘托主角的声乐。主角的声乐造诣决定整个剧目能否得以升华，所以，一部成功的歌剧留给人们的印象往往是几首脍炙人口、经久流传的独唱。由于歌剧的这种艺术特征，歌剧的服装设计都贯彻了对主角人物的塑造原则。（图7-6）

歌剧人物服装设计要求

　　歌剧人物的服装一般都比较庄重、静穆,符合歌剧唱腔的姿态。男演员挺拔轩昂、字正腔圆、浑厚博大、深沉高远;女主角高雅内蕴、亲昵柔婉、意味悠长、余音绕梁。他们的表演演唱姿势一般都趋于相对静态,没有剧烈的肢体运动,适合堆砌的服装造型方式,所以设计师往往在歌剧主角服装上,曲尽表现才华,为了突出人物形象,而夸大服装的体量,工艺制作也倾向于刻意的雕琢。配角人物也相应地保持了较为充分的质量。歌剧服装的设计集中地表现了人物的精神、内蕴、气度。在消费文化的影响下,现代歌剧更加注重视觉艺术的豪华效果,往往斥巨资打造歌剧效果,所以,服装的豪华阵容和奇特创意往往成为现代歌剧的重要看点。由联合国教科文组织赞助的三大歌剧返故乡的演艺活动,旨在用歌剧促进发达国家和发展中国家的文化互动。在埃及演出的《阿依达》具有豪华的服装阵容(图7-7),在北京演出的《图兰朵》给观众呈现了中西合璧、辉煌璀璨的宫廷服饰景观。歌剧在舞台艺术上的经典地位从未动摇过,它也在不断地开拓创新。

图7-7　埃及歌剧《阿依达》

③音乐剧

　　音乐剧脱胎于歌剧、舞剧，是工业时代和消费社会的产物。它继承了歌剧的经典元素，采纳了流行艺术和通俗艺术的成分，综合了舞剧和电影叙事性等多种元素，并建立了完善的营销机制和商演体系。音乐剧是高雅艺术和通俗艺术的完美结合，它的美学性质要求其服装设计具有多样的表现功能和创意特色。由于音乐剧的表现内容极其宽广，跨度很大，所以每一部具体的音乐剧的服装设计都有独特的风格，比如表现神话故事的音乐剧《俄狄浦斯王》，其服装设计极其夸张，把演员塑造成巨人的形象。脍炙人口的音乐剧《猫》（图7-8），则是童话式的、预言式的和象征式的形态。服装塑造了各种各样的猫人形象，这些猫人的服装特性各异，具有很强的表现力。音乐剧《耶稣基督万世巨星》则用现代人的服装和言行来表现耶稣基督，其风格在现实和理想之间、再现和表现之间。音乐剧《西贡小姐》和《音乐之声》则用写实的风格表现特定历史时期的服装风貌，但这些服装都具有亦歌亦舞的功能。

图7-8　音乐剧《猫》

④舞剧

舞剧是由人的肢体语言来叙事和表现的戏剧。肢体在舞剧中形成了一套独特的语汇和表意系统,所以,舞蹈语汇是表现精神和情感的,具有独特的、独到的语意。而服装是这种特殊语言的系统不可分割的一个部分,它在舞剧中已经超越人体包装的意义。舞蹈服装(图7-9)和肢体运动共同形成了一种语言的神韵,所以舞蹈服装与舞蹈语汇有一样的灵魂。在高度的融洽和共同的目的明确了舞蹈服装的这种精神性和美学本质后, 设计师就会明确舞蹈服装、舞蹈演员与舞蹈语汇那种灵魂附体、水乳交融的情感。舞蹈服装的创意不仅要符合肢体运动和人体工程,最重要的是要作为一种有效的舞蹈语汇和表意系统,塑造形态的完美,传达精神内涵和舞蹈的神韵。

图 7-9　梁明玉的《巴歌渝舞》服装设计图

⑤传统戏剧

传统戏剧博大精深，具有强烈的地域性，所以说在中国的传统戏剧中，都是以地域来划分戏剧的形态和性质，如京剧、豫剧、川剧、沪剧、粤剧、汉剧、秦腔、黄梅戏、高甲戏，这些戏剧的服装也具有浓厚的地域色彩，同时具有高度的程式化。传统戏剧的服装创意是一个两难和充满争议的问题，这涉及对传统的态度——是保护还是开发。任何方式的创新都可能会被误读为背叛传统，任何传统的守持都可能会被误读为泥古不化，这里存在着悖论，尚有待服装设计师们做出自己的判断和创意实验。设计师梁明玉就以此为基础，设计出了现代化的傩戏服装。（图 7-10）

图 7-10 设计师梁明玉创作的现代傩戏服装成衣及设计图

⑥电影电视

电影服装

电影被认为是最靠近生活的艺术和最远离生活的艺术。因为电影具有高度再现和高度虚拟的艺术功能,所以电影的服装形态也具有很大的跨度。在近距于生活和忠实于历史的电影中,服装往往中规中矩,影评家和观众用吹毛求疵的考古尺度来判别服装是否真实。而在表现主义、象征主义的电影和诗化的电影中,服装的形态又充满着浪漫神奇的表现性,观众们似乎也可以接受。在黑泽明的《乱》(如图7-11)、索菲亚·科波拉的《末代皇后》、卢卡

图7-11　黑泽明的《乱》海报

斯的《星球大战》中,古代的服饰缤纷灿烂、争奇斗艳、富于时尚,未来的服装神奇迷幻、时空颠倒,所以电影服装设计师的创意也是听从导演的旨意,用自己的创意才华去升华导演的意图。

电视服装

电视作品跟电影作品很相像,都有着写实和虚拟的双重功能。电视由于其大众传媒的性质,服装制作更趋于粗糙和俗浅。电视传媒的综艺节目、大型歌舞晚会,一般都是瞬息万变、浮光掠影,服装形成模式套路。电视节目的周期总是很快,要轻易改变其服装形态也很不容易,相关的电视演艺服装的设计师们应该抓住这种快速变化的特征,在服装的视觉形式上追求变化;配合电视节目尽快缩短服装"改版"的周期,给观众提供丰富多彩的视觉刺激。

第二节　主题性的服装设计创意

(一)个性化的服装定位设计
案例分析:歌唱家张迈演唱会服装

1. 设计要求

今天的文化生态多姿多彩、群星灿烂。明星崇拜是大众文化的一大特征,明星们的服装往往是流行的信号与标准。舞台上灯光聚焦、万众瞩目,明星的着装成为民众的话题、粉丝的兴奋点。塑造舞台上的明星形象,是服装设计师们经常遇到的课题。国际服装界的大师们,也常给舞台上的明星们设计华装,塑造形象。

明星服装设计的基本要领,就是要塑造其与众不同的形象,吸引公众的眼球。这一点表面看上去容易,好像只要夸张独特就可以了;其实不然,明星之所以与众不同,恰在于他(她)的个性标榜。明星服装的设计关键,在于对其个性与特色的准确定位和独特的形式表现。

2. 构思过程

歌唱家张迈的个人演唱会气势恢宏,配备几十个人的交响乐队与合唱团伴唱,舞美也很漂亮,用了大尺幅的 LED 背景。张迈和出品人找到设计师梁明玉,希望在演唱会服装上能有特别的新意。梁明玉了解了该演唱会分为四个乐章,大致可分类为民歌乡音、军旅歌曲、历史及流行歌曲、赞歌。设计师根据这四个乐章开始画四套服装的草图,形成总体形态,最后再画出效果图。

图 7-12　梁明玉为张迈演唱会所设计服装的演出现场图

3. 创意说明

张迈演唱会上四套服装的设计紧密结合她的歌曲风格,广泛吸取设计素材,力图突出她的个性形象,产生了强烈的舞台视觉冲击力。(图 7-12)以"民歌乡音"乐章的服装设计为例,下面将具体论述其创意来源。

"民歌乡音"这一乐章中,张迈的歌都是四川民歌,清醇、亮丽。如果按常规思路设计,民歌歌手的服装都比较民族化,也较为轻薄朴素,但绝不会产生视觉震撼。设计师梁明玉觉得首先要考虑的是舞台视觉效果,超越惯常的思路,采用歌剧或音乐剧的服装手法去表现。

要产生震撼的舞台视觉效果,歌手的舞台形象必须华丽辉煌,所以设计师要在乡村民歌川妹子的原生态上提升创意。在舞台上,歌手的服装需要一定的体量才会有效果。那么,该如何加大服装的体量而又与形象主体相符,不产生陌生与做作之感呢?设计师从原生态中想到用簸箕,但一般的簸箕也很小,不够体量。她受到农村竹编簸箕的启发,把簸箕放大,并专门找到竹农,画出图样,编好后又用面料装饰。

若大的簸箕(图7-13)演唱时背在身后,效果非常奇特,与服装融为一体。(图7-14)

图7-13 我国南方农村地区的竹编簸箕

图7-14 梁明玉为张迈演唱会所设计的服装草图和演出效果图

这一系列的服装,其色彩灵感来源于金色的丰收,如金黄的玉米、麦穗(图7-15)。黄色能给人带来喜悦,同时也是高贵的象征,这件服装的色彩蕴含丰富的文化内涵,也高度契合了本乐章的歌曲风格。(图7-16)另外,该件服装上精致的花纹也吸收了英国戏剧服装(图7-17)元素。

图7-15　成熟后的玉米、麦穗、水稻

图7-16　张迈演出服装演出效果图和设计图

图 7-17 英国戏剧服装

(二)2005 年亚太城市市长峰会贵宾服装——《巴渝盛装》设计创意

Asia Pacific Cities Summit

贵宾服装名称——"巴渝盛装"

服装策划组织:重庆市经济和信息化委员会

服装承办、制作:重庆树王服饰设计发展有限公司 刘庆利 总经理

1. 设计背景

2005 年,亚太市长峰会在重庆举行,120 位各国市长云集重庆。这个城市首次召开如此高端大型的国际会议,重庆市政府决定给市长们穿上本土特色的贵宾服装。受市政府委托,设计师梁明玉主持此项设计。这对她来说是一个巨大的挑战,也是她设计生涯的一个特殊经历。因为它超越了一般的服装概念而成为国际政治、区域经济合作的象征符号,同时也寄载着重庆近 3000 万人民的发展愿望和友好情谊。设计能否得到各国市长和全市人民的认可,设计师压力很大。接受任务后,她首先思考的是这项设计一定要非常国际化,只有如此,在国际化的高端平台上才能体现出区域文化特征。

2. 设计要素

一是款式,二是衣饰图案。

3. 灵感来源

在搜集资料、寻找灵感的过程中,设计师梁明玉发现汉族传统服饰比较平淡,亦不足以代表有众多民族的重庆地域特色。同时,她也注意到土家族作为本域古老的民族,曾在这块土地上有着辉煌壮丽的伟绩,而且土家族服装视觉特征明显,于是她决定以土家族服装作为创意设计的基本平台。梁明玉和雷鸿智教授广泛查阅了土家族相关历史民俗资源,找到一种非常完美、寓意丰富的螺旋形图案。这一图案很适合选中的服装款式,在图案的象征意义上正好与此次国际会议城市合作的主题相扣。她们又在全球范围内查找类似的图案、图腾,在各地域各民族的文化遗迹中发现都有形式各异但取向相似的螺旋形图案（图 7-18),大量出现在建筑装饰(图 7-19)、陶器(图 7-20)等之上。这种图案的基本形式,体现了凝聚、协调、圆融、消除矛盾、求同存异的审美取向和内涵语境。这些资源选择、形式组合表现出人合地宜,这是他们基于对此次峰会意义的深层理解与高度责任使然。基于螺旋形图案的确定,他们设计了此款主题为"巴渝盛装"的市长峰会礼服。

图 7-18　装饰有螺旋纹图案的建筑

4. 创意说明

服装"巴渝盛装"是一款原创艺术性质的高级男装设计系列。它以"螺旋纹"这一神秘而又圆和、生动的图案元素为形象依托,寓意着当今世界祥和发展的新局势。这一既有世界性和巴渝

图 7-19　螺旋状柱头纹样的墙面

110

图 7-20 绘有螺旋纹图案的各地区的陶器

特色的通用符号充分展现出世界的、中国的、巴渝式的浪漫风情。图案中蕴藏着的五大洲、四大洋，以及重庆人对山水的依恋也都在服装中得以充分展现。服装色彩分别确定为乳白色、普蓝、宝石绿、中国红以及孔雀蓝的多色彩系列，尽显重庆人浪漫、豪爽、好客的多姿人文风情，更是一份赠送给峰会市长的珍贵礼物。

5. 制作过程

形成服装款式意象和图案基本意象后，梁明玉和团队开始了不舍昼夜、周而复始、九朽一罢的艰难设计过程。他们将此过程视为实现最完美的艺术理想的过程，完成了无数的草图（图 7-21），绘制效果图纸样（图 7-22），立裁样衣，最后确定了几款样衣（图 7-23），然后进入制作工厂进行成衣缝纫和电脑刺绣。

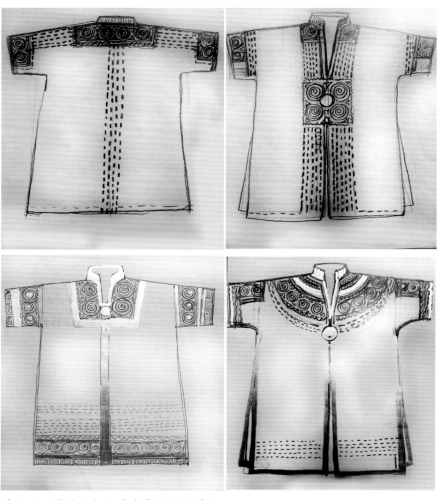

图 7-21　梁明玉为《巴渝盛装》设计的草图

图 7-22　主创设计师亲手绘制样衣图案

图 7-23　梁明玉设计的《巴渝盛装》样衣

在样衣制作的过程中,《巴渝盛装》将巴渝地区传统的代表纹样,用成千上万的手工针绣制而成。(图7-24)但是艺术家的创意理想与服装的现实需求是有差距的,他们不得已忍痛割爱,不断修改方案,从一开始的560万针直降到56万针。他们在否定自己千辛万苦创造出来的作品时,如同扔掉自己的亲生孩子一样难舍难分。

图 7-24 没有做减法之前的盛装形态之一

6. 成衣审定

数款成衣"出世"后,要接受市政府办公会议的审定。在市政府办公厅会议室,在市长和各部委官员们严厉的眼光下,梁明玉团队的"亲生孩子",等待着命运的宣判。由于这套服装的亮相问世关涉重大,将成为全市人民和海外百余城市的新闻亮点,所以官员们十分审慎,各抒己见、争执不决。

市长请梁明玉发言,表述设计意图,她力图控制自己的激动情绪,以最简朴、真诚的语言向市政府官员们陈述了她们的设计思想、创作过程以及她的最终选择意见。梁明玉发言毕,全场经过短暂的空隙,市长一锤定音:"我的意见是就按设计师的选择方案定。"终于,设计团队历经半年的艰难付出获得了肯定和认可。

7. 感想总结

市长峰会贵宾服装的设计，使梁明玉认识到服装设计这门艺术，可以担负公共事务的责任和传达民众意愿，可以作为人类和平、国际友谊的使者与象征，可以成为具有精神含义的公众话题。而在用服装表达这些内涵之时，创意的独到、资源的选择、语言的适合、无私的贡献、团队的配合、人际的沟通都是非常重要的。

8. 作品展示

市长们穿着"巴渝盛装"参加的各项活动(图7-25~图7-28)，服装完美地诠释了此次会议的主题。

图7-25　市长们穿着"巴渝盛装"参加酒会

图 7-26 市长们穿着"巴渝盛装"参加植树纪念活动

图 7-27　市长们穿着"巴渝盛装"参加圆桌会

图 7-28　市长们身着"巴渝盛装"合影

119

后记

　　本教材的编排和撰写,历经两年之久,作者根据大学服装设计教学大纲的宗旨,总结作者多年从事创意服装设计的经验,以及服装设计教学中涉及的种种问题进行分析和详细讲解。为了全面且详尽地介绍服装设计作品以方便学生学习,书中列举了许多服装设计大师的优秀作品及作者自己作品的创作过程,为实际教学工作提供重要的参考和帮助。也借此机会对参与本教材编写工作的王健娜、刘丽丽、黄子棉、熊欢、汪建林、刘晓蕾、肖言等教师、研究生及设计学者表示衷心的感谢! 本书仍存在诸多不足之处,希望大家多提出宝贵意见,共同分享服装设计创作心得。

图书在版编目(CIP)数据

服装设计创意空间／梁明玉主编. — 重庆：西南
师范大学出版社, 2018.3
(服装设计·时尚前沿丛书)
ISBN 978-7-5621-7262-8

Ⅰ.①服… Ⅱ.①梁… Ⅲ.①服装设计 Ⅳ.
①TS941.2

中国版本图书馆 CIP 数据核字(2015)第 003132 号

服装设计·时尚前沿丛书

服装设计创意空间

主编：梁明玉

责任编辑：王　煤
装帧设计：梅木子
出版发行：西南师范大学出版社
　　　　　地址：重庆市北碚区天生路 2 号
　　　　　邮编：400715
　　　　　网址：www.xscbs.com
经　　销：新华书店
制　　版：重庆海阔特数码分色彩印有限公司
印　　刷：重庆康豪彩印有限公司
幅面尺寸：210mm×280mm
印　　张：7.75
字　　数：120 千字
版　　次：2018 年 3 月第 1 版
印　　次：2018 年 3 月第 1 次印刷
书　　号：ISBN 978-7-5621-7262-8

定　　价：46.00 元